● 電気・電子工学ライブラリ ●
UKE-C4

基礎 電磁波工学

小塚洋司 編
村野公俊 著

数理工学社

編者のことば

電気磁気学を基礎とする電気電子工学は，環境・エネルギーや通信情報分野など社会のインフラを構築し社会システムの高機能化を進める重要な基盤技術の一つである．また，日々伝えられる再生可能エネルギーや新素材の開発，新しいインターネット通信方式の考案など，今まで電気電子技術が適用できなかった応用分野を開拓し境界領域を拡大し続けて，社会システムの再構築を促進し一般の多くの人々の利用を飛躍的に拡大させている．

このようにダイナミックに発展を遂げている電気電子技術の基礎的内容を整理して体系化し，科学技術の分野で一般社会に貢献をしたいと思っている多くの大学・高専の学生諸君や若い研究者・技術者に伝えることも科学技術を継続的に発展させるためには必要であると思う．

本ライブラリは，日々進化し高度化する電気電子技術の基礎となる重要な学術を整理して体系化し，それぞれの分野をより深くさらに学ぶための基本となる内容を精査して取り上げた教科書を集大成したものである．

本ライブラリ編集の基本方針は，以下のとおりである．
1) 今後の電気電子工学教育のニーズに合った使い易く分かり易い教科書．
2) 最新の知見の流れを取り入れ，創造性教育などにも配慮した電気電子工学基礎領域全般に亘る斬新な書目群．
3) 内容的には大学・高専の学生と若い研究者・技術者を読者として想定．
4) 例題を出来るだけ多用し読者の理解を助け，実践的な応用力の涵養を促進．

本ライブラリの書目群は，I 基礎・共通，II 物性・新素材，III 信号処理・通信，IV エネルギー・制御，から構成されている．

書目群Iの基礎・共通は9書目である．電気・電子通信系技術の基礎と共通書目を取り上げた．

書目群IIの物性・新素材は7書目である．この書目群は，誘電体・半導体・磁性体のそれぞれの電気磁気的性質の基礎から説きおこし半導体物性や半導体デバイスを中心に書目を配置している．

書目群IIIの信号処理・通信は5書目である．この書目群では信号処理の基本から信号伝送，信号通信ネットワーク，応用分野が拡大する電磁波，および

電気電子工学の医療技術への応用などを取り上げた．

書目群Ⅳのエネルギー・制御は10書目である．電気エネルギーの発生，輸送・伝送，伝達・変換，処理や利用技術とこのシステムの制御などである．

「電気文明の時代」の20世紀に引き続き，今世紀も環境・エネルギーと情報通信分野など社会インフラシステムの再構築と先端技術の開発を支える分野で，社会に貢献し活躍を望む若い方々の座右の書群になることを希望したい．

2011年9月

編者　松瀬貢規
　　　湯本雅恵
　　　西方正司
　　　井家上哲史

「電気・電子工学ライブラリ」書目一覧

書目群Ⅰ（基礎・共通）
1. 電気電子基礎数学
2. 電気磁気学の基礎
3. 電気回路
4. 基礎電気電子計測
5. 応用電気電子計測
6. アナログ電子回路の基礎
7. ディジタル電子回路
8. ハードウェア記述言語によるディジタル回路設計の基礎
9. コンピュータ工学

書目群Ⅱ（物性・新素材）
1. 電気電子材料工学
2. 半導体物性
3. 半導体デバイス
4. 集積回路工学
5. 光・電子工学
6. 高電界工学
7. 電気電子化学

書目群Ⅲ（信号処理・通信）
1. 信号処理の基礎
2. 情報通信工学
3. 情報ネットワーク
4. 基礎 電磁波工学
5. 生体電子工学

書目群Ⅳ（エネルギー・制御）
1. 環境とエネルギー
2. 電力発生工学
3. 電力システム工学の基礎
4. 超電導・応用
5. 基礎制御工学
6. システム解析
7. 電気機器学
8. パワーエレクトロニクス
9. アクチュエータ工学
10. ロボット工学

まえがき

　本書はこれから電磁波工学を学ぼうとする方を対象とした入門書である．電磁波工学は電気磁気学の結論として出てくるマクスウェルの電磁方程式を基礎とした学問分野であるため，本書を手にされた方の多くは，すでに電気磁気学を一通り学んでいることと思う．電気磁気学は電磁気現象を理解するための基礎となる学問であり，電気・電子・通信工学系学科で学ぶ学生諸君にとって，避けて通ることのできない専門基礎科目である．電波技術を学びたい方は，電気磁気学に引き続き，電磁波工学，電波工学へと学びをすすめるが，多くの方が「電気磁気学と電磁波工学との間に大きなハードルがある」と感じているようである．

　本書では，電気磁気学と電磁波工学との間の橋渡しとして，冒頭に電気磁気学で学んださまざまな法則を復習し，マクスウェルの電磁方程式にスムーズに到達するよう配慮した．また，現在刊行されている電磁波工学の参考書の多くは，時間領域での表示と複素ベクトル表示に同じ記号の変数が使用されており，その判別は読者に任されているが，本書では異なる領域での表示にはそれぞれ違う記号を採用して完全に区別し，電磁波を初めて学ぼうとする方でも混乱しないように記述した．なお，電気磁気学とマクスウェルの電磁方程式をすでに熟知している場合は，3章から読み進めて頂いても構わない．

　本書を執筆するにあたり，参考にさせて頂いた数多くの文献の著者の皆様，ならびに本書の出版にあたってご尽力頂いた数理工学社 田島伸彦氏，足立豊氏に深く感謝申し上げる．

　これから新たに電磁波を学びたい方や，電波技術を支える未来のエンジニアにとって，本書が少しでも参考になれば幸いである．

2013 年 10 月

村野公俊（著者）（文責）

目　　次

第1章
電磁波工学について　　1
1.1　電磁波に関する学問分野と電磁波工学 …………………… 2
1.2　電磁波工学の学び方 ……………………………………… 2

第2章
マクスウェルの電磁方程式　　3
2.1　電磁波工学を学ぶための基礎知識 ……………………… 4
　　2.1.1　静電界 …………………………………………… 4
　　2.1.2　静磁界 …………………………………………… 6
　　2.1.3　ファラデーの電磁誘導則 ……………………… 8
　　2.1.4　変位電流 ………………………………………… 10
　　2.1.5　アンペア–マクスウェルの法則 ……………… 12
2.2　マクスウェルの電磁方程式 …………………………… 13
2.3　正弦波電磁界の表示方法 ……………………………… 15
　　2.3.1　ファラデーの電磁誘導則の複素ベクトル表示 …… 16
　　2.3.2　アンペア–マクスウェルの法則の複素ベクトル表示 …………………………………………… 17
2.4　ポインティングベクトル ……………………………… 19
2章の問題 ………………………………………………… 21

第3章

波動方程式と平面波　　　　　　　　　　　　　　　　23

- 3.1 電磁波の波動方程式 ………………………………… 24
  - 3.1.1 電界に関する波動方程式 ……………………… 24
  - 3.1.2 磁界に関する波動方程式 ……………………… 25
  - 3.1.3 電磁波の伝搬速度 ……………………………… 26
- 3.2 ベクトルヘルムホルツ方程式 …………………………… 28
- 3.3 波数ベクトル ……………………………………………… 30
- 3.4 平　面　波 ………………………………………………… 33
- 3.5 平面波電磁界の向きと伝搬方向の関係 ………………… 35
- 3章の問題 …………………………………………………… 38

第4章

電磁波の境界条件　　　　　　　　　　　　　　　　　39

- 4.1 電界の境界条件 …………………………………………… 40
- 4.2 磁界の境界条件 …………………………………………… 44
- 4.3 電束密度，磁束密度の境界条件 ………………………… 48
  - 4.3.1 電束密度の境界条件 …………………………… 48
  - 4.3.2 磁束密度の境界条件 …………………………… 50
- 4章の問題 …………………………………………………… 52

第5章

平面波の反射・透過　　　　　　　　　　　　　　　　53

- 5.1 平面波の方程式 …………………………………………… 54
- 5.2 入射波と反射波 …………………………………………… 57
- 5.3 伝　搬　定　数 …………………………………………… 58
- 5.4 固有インピーダンス ……………………………………… 59
- 5.5 平面波の反射と透過 ……………………………………… 61
  - 5.5.1 境界面への垂直入射 …………………………… 61

　　　　　5.5.2　境界面に斜入射する電磁波について ……………… 67
　　　　　5.5.3　境界面への斜入射—TE 波の場合 ……………… 69
　　　　　5.5.4　境界面への斜入射—TM 波の場合 ……………… 78
　　　5 章の問題 …………………………………………………… 85

第6章

伝送線路の基礎　　　　　　　　　　　　　　　　　87

6.1　有線通信と電磁波について ……………………………… 88
6.2　集中定数回路と分布定数回路 …………………………… 89
6.3　伝送線路の等価回路 ……………………………………… 92
6.4　伝送線路の基本式 ………………………………………… 95
　　　6.4.1　電圧，電流に関する波動方程式 ………………… 95
　　　6.4.2　電信方程式の複素ベクトル表示 ………………… 97
　　　6.4.3　電信方程式の一般解 ……………………………… 98
6.5　伝送線路の伝搬定数 ……………………………………… 101
　　　6.5.1　減衰定数，位相定数 ……………………………… 101
　　　6.5.2　無損失線路の伝搬定数 …………………………… 102
6.6　伝送線路上の伝搬速度 …………………………………… 103
6.7　特性インピーダンス ……………………………………… 104
6.8　反射係数 …………………………………………………… 106
6.9　定在波 ……………………………………………………… 109
　　　6.9.1　反射波の有無と伝送線路上の振幅分布 ………… 109
　　　6.9.2　無損失線路の場合 ………………………………… 110
6.10　入力インピーダンス ……………………………………… 112
　　　6.10.1　伝送線路の入力インピーダンスとその特徴 …… 112
　　　6.10.2　無損失線路の場合 ………………………………… 114
　　　6 章の問題 …………………………………………………… 117

第 7 章

電磁界の求め方　　119

- 7.1 静電界，直流磁界の求め方 …………………………………… 120
  - 7.1.1 スカラポテンシャルを用いた静電界の求め方 … 120
  - 7.1.2 スカラポテンシャルを用いた直流磁界の求め方　122
  - 7.1.3 ベクトルポテンシャルを用いた直流磁界の求め方　123
- 7.2 動的電磁界の求め方 …………………………………………… 126
  - 7.2.1 ポテンシャルを用いた電磁界の求め方 ………… 126
  - 7.2.2 ベクトルポテンシャルの導出 …………………… 127
  - 7.2.3 スカラポテンシャルの導出 ……………………… 132
- 7 章の問題 ………………………………………………………… 133

第 8 章

アンテナの基礎　　135

- 8.1 アンテナの種類と特徴 ………………………………………… 136
- 8.2 微小電流源が作る電磁界 ……………………………………… 137
- 8.3 アンテナの特性 ………………………………………………… 143
  - 8.3.1 放射指向特性（放射パターン）………………… 143
  - 8.3.2 送信アンテナの利得 ……………………………… 144
  - 8.3.3 実効長 ……………………………………………… 147
  - 8.3.4 実効面積 …………………………………………… 149
  - 8.3.5 受信アンテナの絶対利得 ………………………… 149
  - 8.3.6 給電点インピーダンス …………………………… 151
- 8 章の問題 ………………………………………………………… 153

第 9 章

光・電波応用技術　　155

- 9.1 双曲線航法 ……………………………………………………… 156
  - 9.1.1 電波航法について ………………………………… 156

	9.1.2	原理 …………………………………………………………………	156
	9.1.3	2つの無線局と自船との距離の差を求める方法 ·	157
9.2	レ　ー　ダ ………………………………………………………………		158
	9.2.1	パルスレーダの原理 ………………………………………	158
	9.2.2	レーダ方程式 ………………………………………………	159
	9.2.3	最大探知距離 ………………………………………………	160
	9.2.4	最小探知距離 ………………………………………………	161
	9.2.5	距離分解能 …………………………………………………	162
9.3	光とその応用技術 ……………………………………………………		164
	9.3.1	光の性質 ……………………………………………………	164
	9.3.2	通信への応用 ………………………………………………	165
	9.3.3	光ファイバの原理 …………………………………………	165
9章の問題 …………………………………………………………………			167

付録A　座標の変換　　168
A.1　座標の回転 ……………………………………………………… 168
A.2　直交座標系から球座標系への変換 ……………………………… 168

付録B　スカラ場の勾配，ベクトル場の発散，回転　　168
B.1　直交座標系 ……………………………………………………… 168
B.2　極座標系 ………………………………………………………… 169

付録C　グリーン関数　　169
C.1　グリーン関数について ………………………………………… 169
C.2　線形時不変システムとグリーン関数 ………………………… 170

問 題 解 答　　171

参 考 文 献　　177

索　　　引　　178

電気用図記号について

本書の回路図は，JIS C 0617 の電気用図記号の表記（表中列）にしたがって作成したが，実際の作業現場や論文などでは従来の表記（表右列）を用いる場合も多い．参考までによく使用される記号の対応を以下の表に示す．

	新 JIS 記号（C 0617）	旧 JIS 記号（C 0301）
電気抵抗，抵抗器	▭	∿
スイッチ	／ （−o−）	−o o−
半導体（ダイオード）	▷⊦	▶⊦
接地（アース）	⏚	⏚
インダクタンス，コイル	⌒⌒⌒	◠◠◠
電源	─┤├─	─┤├─
ランプ	⊗	⊕

第1章
電磁波工学について

　電磁波は，通信・放送から家電製品に至るまで身近で実に幅広く利用されているが，電磁波そのものは人間の目には見えないためその実体は非常につかみにくく，電磁波に興味・関心のある方であっても，その多くが電磁波を正確に説明するのに苦慮している．ここでは，電磁波工学とその学び方について紹介しよう．

1.1 電磁波に関する学問分野と電磁波工学

電磁波に関連する学問は，基礎から応用技術に関するものまで数多くある．例えば，電磁波を送受信するためのアンテナに関しては「アンテナ工学」としてまとめられているし，比較的高い周波数の電磁波とその応用に関しては，「マイクロ波工学」という分野がある．これらの応用的・実用的な学問分野を総称して「電波工学」と呼ばれているが，いずれも「電気磁気学」で学ぶマクスウェルの電磁方程式が基礎となっている．電磁波工学は，マクスウェルの電磁方程式を用いて電磁波そのものを正確に説明しようとする学問であり，ここで得た知識は，電波工学（電波応用技術，実用的技術）を学ぶための重要な基礎となる（図 1.1）．

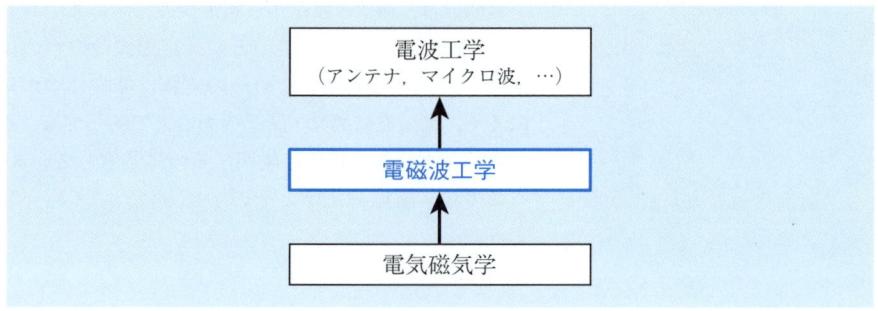

図 1.1　電磁波に関する学問体系

1.2 電磁波工学の学び方

マクスウェルの電磁方程式はいわば電気磁気学の結論であるから，電気磁気学を十分に理解しておかなければ，同方程式を理解することは困難である．本書ではマクスウェルの電磁方程式へのアプローチとして電気磁気学を復習する章を設けているが，電気磁気学そのものに対する理解があやふやな方は，まず電気磁気学を丁寧に復習することを勧める（例えば本ライブラリ『電気磁気学の基礎』）．

第2章
マクスウェルの電磁方程式

　本章では，電磁波の基礎方程式であるマクスウェルの電磁方程式について解説する．マクスウェルの電磁方程式は電気磁気学の結論として得られるものであるので，同方程式を理解することは電気磁気学を理解することに他ならない．マクスウェルの電磁方程式のもつ意味がきちんと理解できれば，目に見えない電磁波の実体をとらえる（イメージする）ことができる．

2.1 電磁波工学を学ぶための基礎知識

これから電磁波を学ぼうとする多くの読者は，すでに電気磁気学を学んでいるものと推察する．電気磁気学を一通り学び終えると，マクスウェルの電磁方程式にたどり着く．電気磁気学で取り扱うすべての電磁気現象は，この方程式を用いて記述することができる．つまり，電磁波工学の基礎は電気磁気学にあり，マクスウェルの電磁方程式は電磁波の基礎方程式である．電磁波を学ぶにあたり，まずは電気磁気学を復習しておこう．

2.1.1 静電界

時間的に変化しない（静止している）電荷の周りには，電気的な力の場——**静電界**が発生する．静電界 E の大きさ（**電界強度**）は，静電界内の任意の点に置かれた単位正電荷に作用するクーロン力として，ベクトルで定義される．厳密には

$$E = \lim_{\Delta Q \to 0} \frac{\Delta F}{\Delta Q} \quad (\Delta F \text{は電荷} \Delta Q \text{に働くクーロン力})$$

として表される．また，この電界を視覚的に表現するために描かれるのが**電気力線**である．電気力線は，正の電荷に始まり負の電荷に終わる，つまり始点と終点をもつ仮想的な線である．真空中に置かれた q [C] の電荷からは，q/ε_0 [本] の電気力線が出ており，ある点における電気力線数の密度がその点の静電界の大きさと規定されている（図2.1）．なお，ε_0 は真空誘電率である．位置によって，静電界はその大きさのみならず向きも異なるから，静電界はベクトル場である．一方**電束**は，「電荷の周囲の媒質とは無関係に q [C] の電荷から q [本] 発

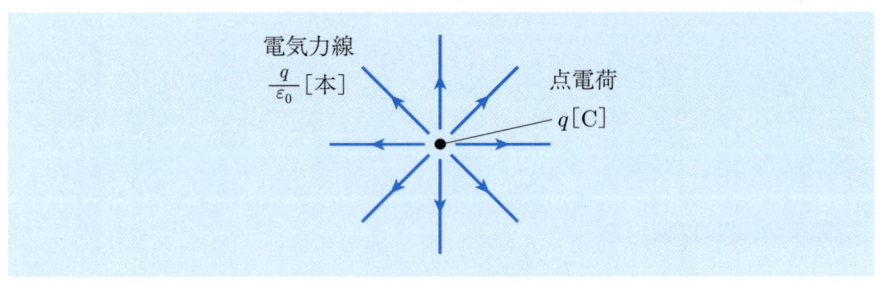

図 2.1　電荷から出る電気力線

生する」と定義される．単位面積あたり通り抜ける電束の本数を**電束密度**という．電束密度も位置によって異なるため，ベクトル場を形成する．

ガウスの法則は，ある閉曲面で囲まれた空間に含まれる電荷と，その閉曲面を出入りする電気力線または電束との関係を表したものである．図2.2のように，閉曲面 S をとり，S に対して外向きで法線方向の単位ベクトルを **n** とした場合，閉曲面内に含まれる全電荷と静電界または電束密度との関係は次式のように表現できる．

$$\oint_S \boldsymbol{E} \cdot \mathbf{n}\, ds = \frac{1}{\varepsilon_0} \sum_i q_i \tag{2.1}$$

$$\oint_S \boldsymbol{D} \cdot \mathbf{n}\, ds = \sum_i q_i \tag{2.2}$$

ここで $\boldsymbol{E}$, $\boldsymbol{D}$ はそれぞれ閉曲面 S 上の静電界，電束密度である．これらの式の左辺，つまり $\boldsymbol{E}$, $\boldsymbol{D}$ と **n** との内積をとり S 上で面積分したものは，それぞれ S を出入りする電気力線，電束の総数を表している．式 (2.1) を例にとると，S を出入りする電気力線の総数は電荷の代数和に等しいことを表している．

これらの式は，ある閉曲面に対する電荷と電気力線もしくは電束との関係であり，**ガウスの法則の積分形**といわれる．ここで式 (2.2) にガウスの発散定理を適用すると，ある点における電荷と静電界または電束密度との関係が次式のように得られる．

$$\nabla \cdot \boldsymbol{D} = \rho \tag{2.3}$$

この表現を**ガウスの法則の微分形**という．ここで ρ は，今考えている点の電荷

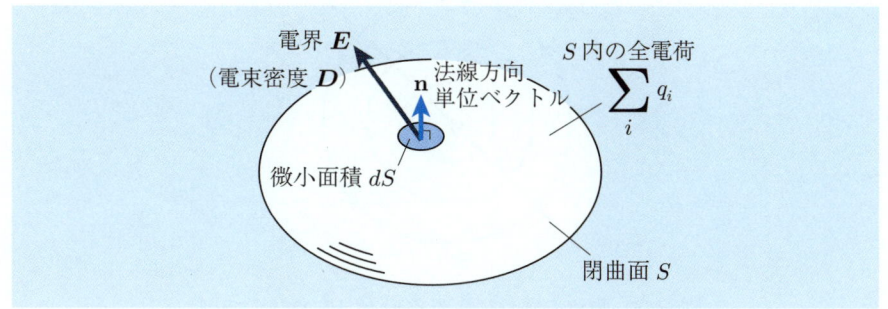

図 2.2 閉曲面内に含まれる電荷と静電界，電束密度

密度である．ベクトル解析によれば，「$\boldsymbol{D}$（電束密度）の発散が $\rho\ (\neq 0)$ である」ということは，その点から新たな電束が湧き出していることを表している．一方，もしその点に電荷がなければ，

$$\nabla \cdot \boldsymbol{D} = 0$$

となり，当然ながらその点から湧き出す電束はない[†]．

2.1.2　静磁界

　時間的に変動しない電流（直流電流）の周りには，渦を巻くように**磁界**（直流磁界）が発生し，その向きは**右ねじの法則**に従うことが知られている．磁界は，位置によってその大きさや向きが異なるから，ベクトル場である．磁界の大きさの等しい点をつないでいくと，図 2.3 のように電流の周りを一周する線——**磁力線**が描かれる．磁力線は磁界の向きと一致するように描かれた仮想的な線であるから，磁界の様子を表していると考えてよい．また磁力線は電流を周回するように描かれるため，始点や終点のない線である．

　電流とその周りに発生する磁界との関係は，**アンペアの法則**によって説明される．図 2.4 のように電流 I を取り囲むように任意の周回路 C をとり，C の各点における接線方向の微小ベクトルを $\boldsymbol{d\ell}$ とすると，磁界と電流の関係は次式で表現できる．

$$\oint_C \boldsymbol{H} \cdot \boldsymbol{d\ell} = \sum_i I_i \tag{2.4}$$

ここで $\boldsymbol{H}$ は周回路 C 上の磁界である．これは，「磁界の C に対する接線方向成

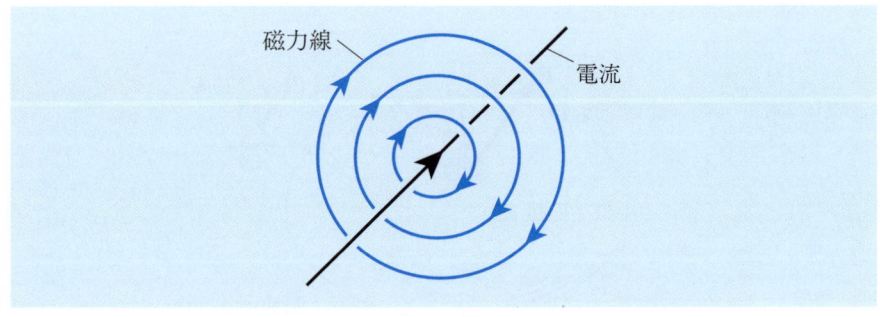

図 2.3　電流の周りに生じる磁界（右ねじの法則）

[†]「電束の湧き出しがない」のであって「その点に電束がない」のではない．

分を周回路 C に沿って一周積分したものは，周回路と鎖交する全電流 $I = \sum_i I_i$ に等しい」ということを示している．

式 (2.4) の表現はアンペアの法則の積分形といわれ，ある周回路上の磁界と，周回路と鎖交する電流との関係を示したものである．これにストークスの定理を適用すると，ある点における磁界と電流の関係が次式のように得られる．

$$\nabla \times \boldsymbol{H} = \boldsymbol{i} \tag{2.5}$$

これをアンペアの法則の微分形という．ここで $\boldsymbol{i}$ は，考えている点における電流密度である．ベクトル解析によると式 (2.5) は「今考えている点に電流があれば，その点の磁界は**渦ありの場**である」ということを示している．渦ありの場とは，その点において回転させるような力を与える場のことである．一方，電流のない点（$\boldsymbol{i} = \boldsymbol{0}$ の点）においては

$$\nabla \times \boldsymbol{H} = \boldsymbol{0} \tag{2.6}$$

となり，その点の磁界は渦なしの場となる．電流の周りの磁界を磁力線によって表現すると，図 2.3 のように電流を取り囲むように渦状に描かれるため，「磁界は渦ありの場」と勘違いしがちであるが，直流磁界については，電流のある場所以外は渦なしの場であることを再認識して欲しい††．

磁界は電流を取り囲むように発生し，前述のとおり磁界を表現する際に用いられる磁力線は環状であり，始点や終点がない．つまり電流そのものから磁力線や磁界が湧き出すわけではないため，次式のように表現できる．

$$\nabla \cdot \boldsymbol{B} = 0 \tag{2.7}$$

これは**磁界に関するガウスの法則**といわれ，$\boldsymbol{B}$ は**磁束密度**である．なお，真空中では $\boldsymbol{B} = \mu_0 \boldsymbol{H}$（$\mu_0$: 真空透磁率）となる．

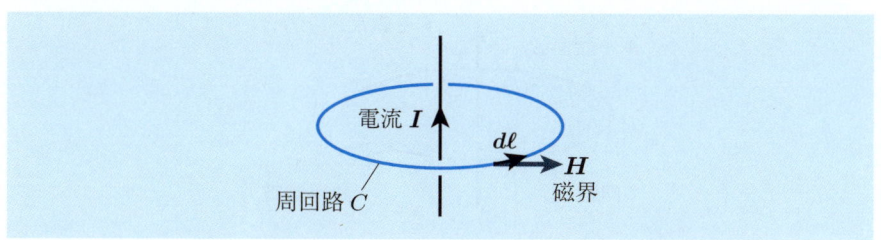

図 2.4　電流の周りに生じる磁界（アンペアの法則）

---

†† 磁界が時間的に変動する場合は，変位電流によって常に渦ありの場となる（後述）．

なお，ベクトルの微分（発散，回転など）に関する知識は，電気磁気学，電磁波工学を学ぶ上で必要不可欠であり，電磁波の実体を把握する上で非常に重要である．これらの理解があやふやな場合は，ベクトル解析を復習して欲しい．

2.1.3 ファラデーの電磁誘導則

前項までは静電界（静止した電荷が作る電界），直流磁界（時間に対して一定の電流が作る磁界）を取り扱ってきたが，以後，電界や磁界が時間的に変動する場合（動的な場）について考えよう．電磁波は時間的に変動する電界，磁界の組合せであるので，動的な場についての理解を深めることは電磁波を知る上で極めて重要である．

図 2.5 のようにループ状の回路を鎖交する磁束が時間的に変化すると，回路には**誘導起電力**が発生することが知られている．誘導起電力 V と**磁束鎖交数** $\phi(t)$ との間には，次式のような関係が成立することが**ノイマンの法則**として知られている．

$$V = -\frac{d\phi(t)}{dt} \tag{2.8}$$

ここでループ面内を鎖交する磁束 ϕ と磁束密度 $\boldsymbol{B}$ との間には，$\phi = \int_S \boldsymbol{B} \cdot \mathbf{n}\, ds$ なる関係があるため，誘導起電力は次式のように表現できる．

$$V = -\frac{\partial}{\partial t}\int_S \boldsymbol{B} \cdot \mathbf{n}\, ds \tag{2.9}$$

ところで「誘導起電力が発生した」ということは，磁束の時間的変化によって，回路の導体内部で電荷が移動し電流が流れたことに他ならない．それでは

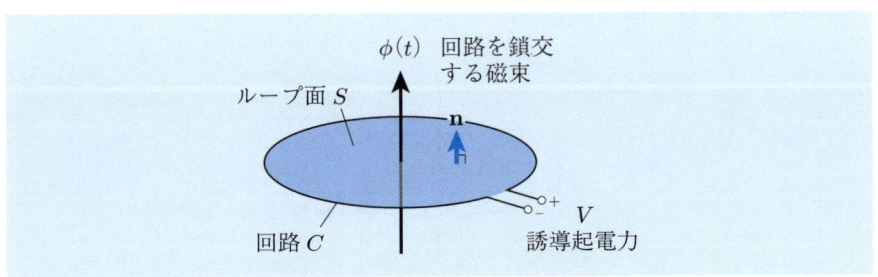

図 2.5 回路を鎖交する磁束と誘導される起電力

2.1 電磁波工学を学ぶための基礎知識

「なぜ電荷が移動したのか」といえば，新たに誘導された電界[†††]が電荷を移動させる力になった，と考えられる．以上の話をまとめると「磁束が時間的に変動すると，その周囲に新たな電界が発生する」という結論を得る．ループ状の回路 C（ループ面積 S）に時間的に変動する磁束 $\phi(t)$ が鎖交しているとき，回路の誘導起電力 V は次式から計算できる．

$$V = \oint_C \boldsymbol{E} \cdot d\boldsymbol{\ell} \tag{2.10}$$

ここで $\boldsymbol{E}$ は磁束（磁界）の時間的変動によって新たに誘導された電界である．この関係は，**電位差の定義**[†4]から得られる関係である．なお，電荷は電界 $\boldsymbol{E}$ によって移動した（つまり，電界がした仕事）であって，電界に逆らって行われたのではないため，負号はついていない．ここで上式にストークスの定理を適用すると，次式が得られる．

$$V = \oint_C \boldsymbol{E} \cdot d\boldsymbol{\ell} = \int_S (\nabla \times \boldsymbol{E}) \cdot \mathbf{n}\, ds \tag{2.11}$$

式 (2.9)，(2.11) は，ともに誘導起電力 V を表現しているので

$$\int_S (\nabla \times \boldsymbol{E}) \cdot \mathbf{n}\, ds = -\frac{\partial}{\partial t}\int_S \boldsymbol{B} \cdot \mathbf{n}\, ds$$

となる．これよりファラデーの**電磁誘導則**を表現する式が得られる．

$$\nabla \times \boldsymbol{E} = -\frac{\partial \boldsymbol{B}}{\partial t} \tag{2.12}$$

この式は「磁束 $\boldsymbol{B}$（磁界）が時間的に変動すると，その点に電界 $\boldsymbol{E}$（渦ありの場）が発生する」ということを示している．もちろん，磁界が時間的に変動しない（直流磁界）なら，式 (2.12) 右辺は $\boldsymbol{0}$ であり，

$$\nabla \times \boldsymbol{E} = \boldsymbol{0} \tag{2.13}$$

となる．すなわち，直流磁界が新たな電界を生むことはない．

この電磁誘導現象は，コイルを使ったファラデーの実験によって発見されたが，「変動する磁界が電界を生む」という現象そのものは，導体や回路の有無とは無関係であり，式 (2.12) は空間を伝搬する電磁波の電界と磁界にも適用できる．すなわち，任意の媒質中において磁界が時間的に変動すると，そこに電界が生まれる．

[†††]電荷は静止していないので，静電界ではない．
[†4]単位電荷を電界に逆らって運ぶのに要する仕事を電位差という．

2.1.4 変位電流

前項で紹介した電磁誘導現象からは，「時間的に変動する磁界が時間的に変動する電界を生む」ことがわかった．これとは逆に，もし「時間的に変動する電界が時間的に変動する磁界を生む」とすれば，磁界と電界が連鎖的に次々と発生して電磁波が生まれる，ということを説明できる．ここで必要となるのが**変位電流**という概念である．

図 2.6 のように，角周波数 ω の正弦波信号を発生する電圧源 $\dot{E}$ とコンデンサ C からなる回路を考えよう．なお E の上に付されたドット記号は，E の複素ベクトル表示[†5]であることを示している．電気回路を学んだ読者なら，以下のように回路を流れる定常電流 $\dot{I}$ を容易に求めることができるであろう．

$$\dot{I} = \frac{\dot{E}}{\left(\frac{1}{j\omega C}\right)} = j\omega C \dot{E} \tag{2.14}$$

式 (2.14) によると，直流（$\omega = 0$）ならば電流は流れない（$\dot{I} = 0$）が，そうでないならば電流は流れることになる．

コンデンサはその記号が示すように，空気または誘電体を 2 枚の極板ではさんだ構造となっており，極板間は導体ではないので，電荷は極板間を移動することができない．高等学校で学ぶように「電荷の移動が電流である」とすれば，コンデンサの極板間は電荷が移動できないため，コンデンサの部分で電流が遮断され，この回路には電流が流れないはずである．したがって，コンデンサの部分ではキルヒホフの電流則が成立しないことになる．それにもかかわらず，電気回路学ではコンデンサを含む回路であっても，回路上のいたるところでキ

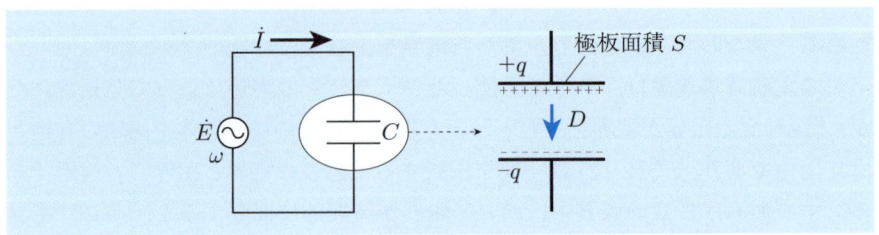

図 2.6 コンデンサを含む回路とコンデンサの極板間の様子

[†5] フェザ表示とも呼ばれる．

ルヒホフの電流則が成立するものとして取り扱い，定常電流は式 (2.14) のように求められる．また，この計算結果は実験結果とも一致しており誤りではない．

「コンデンサの部分でキルヒホフの電流則が成立しないにもかかわらず，成立していることを前提として式 (2.14) のように定常電流が求められる」という矛盾を解決するのが変位電流である．

図 2.6 の電源とコンデンサの回路をもう一度見てみよう．コンデンサに電源をつなぐとコンデンサの電極部分に電荷が蓄積されるが，ここで極板間に電界が発生することは，すでに電気磁気学において学んだとおりである．面積 S の 2 枚の極板に蓄えられた電荷をそれぞれ $+q$, $-q$ とすると，極板は $\sigma = q/S$ なる面電荷密度をもつことになる．極板間の電束密度 D は面電荷密度 σ と等しいことが知られている．

$$D = \sigma = \frac{q}{S}$$

コンデンサに流入する電流 i は単位時間あたりの電荷の移動量 dq/dt であり，上式より $q = DS$ であるので次式を得る．

$$i = \frac{dq}{dt} = S\frac{dD}{dt}$$

上式によると，コンデンサに流入する電流 i は，極板間の電束密度 D を用いて表現できるが，この D は電荷が移動できない極板間のものである．そこで，極板間に上式のような電流（電荷の移動をともなわない電流）が流れていると仮定してみよう．すると，導線の部分は電荷の移動にともなう電流が流れ，コンデンサの極板間は電荷の移動をともなわない電流が流れることになり，電流の種類は異なるものの回路全体で電流が連続となり，キルヒホフの電流則が成立するた

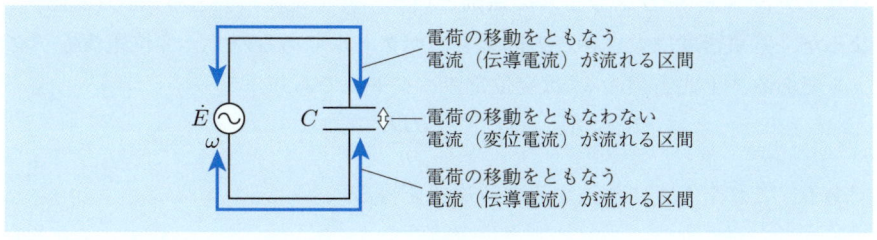

図 2.7　回路上の電流

め，矛盾が解消される（図 2.7）．この電荷の移動をともなわない電流は変位電流と呼ばれ，その大きさは以下のように単位面積あたりの値として定義される．

変位電流

$$i_d = \frac{dD}{dt} \tag{2.15}$$

これに対し，高等学校までに学んだ電流（電荷の移動をともなう電流）は，変位電流と明確に区別するために**伝導電流**と呼ばれることがある．

以上，コンデンサを含む回路を例に挙げて考えたが，式 (2.15) は導体やコンデンサの有無とは関係なく成立する．すなわち，式 (2.15) は，電束密度が時間的に変動すると，そこに変位電流が流れることを示している．一方，電束密度が時間的に変動しないならば，$i_d = 0$ となり，式 (2.14) の説明とも符合する．コンデンサに直流電源をつないでも電流が流れない，といった現象からも理解できるだろう．

2.1.5 アンペア–マクスウェルの法則

電界（電束密度）が時間的に変動すると，そこに変位電流が生まれるので，時間的に変動する場を取り扱う場合は，伝導電流のみならず変位電流も考慮しなければならない．

2.1.2 項で，以下のアンペアの法則を紹介した．

$$\nabla \times \boldsymbol{H} = \boldsymbol{i} \tag{2.5 再掲}$$

上式右辺の $\boldsymbol{i}$ は伝導電流であるが，時間的に変動する場の場合は伝導電流のみならず変位電流も考慮しなければならないので，以下のように書き直す必要がある．

$$\nabla \times \boldsymbol{H} = \boldsymbol{i} + \boldsymbol{i}_d$$

これを**アンペア–マクスウェルの法則**という．変位電流の大きさは式 (2.15) となるが，電束密度は大きさと方向をもつベクトルであるので，変位電流もベクトルである．上式右辺の $\boldsymbol{i}_d$ は変位電流ベクトルであり，

$$\boldsymbol{i}_d = \frac{\partial \boldsymbol{D}}{\partial t}$$

である．これを上式に代入すると，次式を得る．

$$\nabla \times \boldsymbol{H} = \boldsymbol{i} + \frac{\partial \boldsymbol{D}}{\partial t} \tag{2.16}$$

2.2 マクスウェルの電磁方程式

静電界や静磁界など，時間的に変動しない場——静電磁界に関する式を以下に再掲しよう．

$$\nabla \cdot \boldsymbol{D} = \rho \qquad (2.3)\text{ 再掲}$$

$$\nabla \times \boldsymbol{E} = \boldsymbol{0} \qquad (2.13)\text{ 再掲}$$

$$\nabla \cdot \boldsymbol{B} = 0 \qquad (2.7)\text{ 再掲}$$

$$\nabla \times \boldsymbol{H} = \boldsymbol{i} \qquad (2.5)\text{ 再掲}$$

静電界に関する式は (2.3) と (2.13) であるが，これらに磁界（$\boldsymbol{B}$ や $\boldsymbol{H}$）に関する項は含まれていない．一方，直流磁界に関する式は (2.5) と (2.7) であるが，これらに電界（$\boldsymbol{D}$ や $\boldsymbol{E}$）に関する項は含まれていないことがわかる．これは，時間的に変動しない場合，電界と磁界は互いに独立していることを示している．

一方，時間的に変動する場——動的な場の場合は，次のようになる．

$$\nabla \cdot \boldsymbol{D} = \rho \qquad (2.3)\text{ 再掲}$$

$$\nabla \times \boldsymbol{E} = -\frac{\partial \boldsymbol{B}}{\partial t} \qquad (2.12)\text{ 再掲}$$

$$\nabla \cdot \boldsymbol{B} = 0 \qquad (2.7)\text{ 再掲}$$

$$\nabla \times \boldsymbol{H} = \boldsymbol{i} + \frac{\partial \boldsymbol{D}}{\partial t} \qquad (2.16)\text{ 再掲}$$

式 (2.16)，(2.12) に注目すると，それぞれの式に電界と磁界の項が含まれていることがわかる．時間的に変動する場合は，磁界が電界を生み，電界が磁界を生むため，電界と磁界を独立に考えることはできない．これが電磁波の実体である．

この 4 つの方程式が電磁波を表現する基礎方程式であり，**マクスウェルの電磁方程式**と呼ばれている．なお，これらのうち，式 (2.3)，(2.7) はそれぞれ式 (2.16)，(2.12) から導出可能であるため，式 (2.16) を**マクスウェルの第一電磁方程式**，式 (2.12) を**マクスウェルの第二電磁方程式**と呼ぶことがある．

例題 2.1

マクスウェルの第一電磁方程式からガウスの法則を導出せよ．

【解答】 マクスウェルの第一電磁方程式 (2.16) の両辺の発散をとると，

$$\nabla \cdot (\nabla \times \boldsymbol{H}) = \nabla \cdot \left(\boldsymbol{i} + \frac{\partial \boldsymbol{D}}{\partial t} \right)$$

ベクトル恒等式 $\nabla \cdot (\nabla \times \boldsymbol{A}) \equiv 0$ より，上式左辺は 0 となり，次式を得る．

$$\nabla \cdot \left(\boldsymbol{i} + \frac{\partial \boldsymbol{D}}{\partial t} \right) = 0$$

$$\nabla \cdot \boldsymbol{i} + \frac{\partial}{\partial t}(\nabla \cdot \boldsymbol{D}) = 0$$

$\boldsymbol{i}$ は伝導電流密度であるから $\nabla \cdot \boldsymbol{i}$ はその点における単位時間あたりの電荷密度の変化を表している．電荷密度を ρ とすると $\nabla \cdot \boldsymbol{i} = -\frac{\partial \rho}{\partial t}$ であるから，

$$-\frac{\partial \rho}{\partial t} + \frac{\partial}{\partial t}(\nabla \cdot \boldsymbol{D}) = 0$$

$$\frac{\partial}{\partial t}(-\rho + \nabla \cdot \boldsymbol{D}) = 0$$

$$\therefore \ \nabla \cdot \boldsymbol{D} = \rho$$

例題 2.2

マクスウェルの第二電磁方程式から磁界に関するガウスの法則を導出せよ．

【解答】 例題 2.1 の場合と同様の手順で導出できる．マクスウェルの第二電磁方程式 (2.12) の両辺の発散をとると，

$$\nabla \cdot (\nabla \times \boldsymbol{E}) = \nabla \cdot \left(-\frac{\partial \boldsymbol{B}}{\partial t} \right)$$

ベクトル恒等式 $\nabla \cdot (\nabla \times \boldsymbol{A}) \equiv 0$ より，上式左辺は 0 となり，次式を得る．

$$\nabla \cdot \left(-\frac{\partial \boldsymbol{B}}{\partial t} \right) = 0$$

$$-\frac{\partial}{\partial t}(\nabla \cdot \boldsymbol{B}) = 0$$

$$\therefore \ \nabla \cdot \boldsymbol{B} = 0$$

2.3 正弦波電磁界の表示方法

電気回路学において，流れる電流が正弦波でかつ定常状態の回路を解析する場合，ベクトル記号法を利用すると代数方程式で表現でき計算が比較的容易になる．これと同様に，定常状態の正弦波電磁界を解析したい場合は，ベクトル記号法を用いて**複素ベクトル表示**すると便利である．

これまで出てきた電界 $\boldsymbol{E}$，磁界 $\boldsymbol{H}$ はいずれも時間 t の関数，つまり**時間領域**で表示されたものである．正弦波状に時間変化する電磁界の場合は，振幅，周波数，位相の情報が $\boldsymbol{E}$, $\boldsymbol{H}$ に含まれており，その各成分は，式 (2.17) のように表現できる．

時間領域での表示

$$E_x = |E_x|\sin(\omega t + \theta), \quad E_y = |E_y|\sin(\omega t + \theta), \quad E_z = |E_z|\sin(\omega t + \theta)$$
$$H_x = |H_x|\sin(\omega t + \theta), \quad H_y = |H_y|\sin(\omega t + \theta), \quad H_z = |H_z|\sin(\omega t + \theta)$$
$$(2.17)$$

ここで ω, θ はそれぞれ角周波数，位相である．これらを複素ベクトル表示する前に，まずは**指数関数形式**で表示してみることにする．$|E_x|$, $|E_y|$, $|E_z|$, $|H_x|$, $|H_y|$, $|H_z|$ はそれぞれ E_x, E_y, E_z, H_x, H_y, H_z の振幅であるが，その実効値をそれぞれ $|\dot{E}_x|$, $|\dot{E}_y|$, $|\dot{E}_z|$, $|\dot{H}_x|$, $|\dot{H}_y|$, $|\dot{H}_z|$ とおき，指数関数形式で表示してみよう．以下では，x, y, z の 3 成分のうち，一例として x 成分について考えてみる．

指数関数形式による表示（x 成分）

$$|E_x|\,e^{j(\omega t+\theta)} = \sqrt{2}\,|\dot{E}_x|\,e^{j(\omega t+\theta)} = \sqrt{2}\left(|\dot{E}_x|\,e^{j\theta}\right)e^{j\omega t} = \sqrt{2}\,\dot{E}_x\,e^{j\omega t}$$
$$|H_x|\,e^{j(\omega t+\theta)} = \sqrt{2}\,|\dot{H}_x|\,e^{j(\omega t+\theta)} = \sqrt{2}\left(|\dot{H}_x|\,e^{j\theta}\right)e^{j\omega t} = \sqrt{2}\,\dot{H}_x\,e^{j\omega t}$$
$$(2.18)$$

式 (2.18) の $\dot{E}_x$, $\dot{H}_x$ がそれぞれ電界，磁界の x 成分のベクトル記号法に基づく表示（複素ベクトル表示）であり，本書ではドット記号（˙）を付けて明示している．

複素ベクトル表示（x 成分）

$$\dot{E}_x = |\dot{E}_x|\,e^{j\theta} = \frac{|E_x|}{\sqrt{2}}\,e^{j\theta}, \qquad \dot{H}_x = |\dot{H}_x|\,e^{j\theta} = \frac{|H_x|}{\sqrt{2}}\,e^{j\theta} \qquad (2.19)$$

複素ベクトル表示した場合，その大きさは一般に実効値で表示するため，$|\dot{E}_x| = |E_x|/\sqrt{2}$，$|\dot{H}_x| = |H_x|/\sqrt{2}$ となっている．式 (2.18) のように指数関数形式で表示することによって，時間変化に関する情報（**時間因子** $e^{j\omega t}$ の部分）が分離されているため，複素ベクトル表示された電界の x 成分 $\dot{E}_x$，磁界の x 成分 $\dot{H}_x$ に含まれているのは振幅と位相の情報だけである．このため，複素ベクトル表示には時間の情報は含まれておらず，計算上便利であるが，電界，磁界の瞬時値（時間領域の表示）を考える場合は，時間因子 $e^{j\omega t}$ を $\dot{E}_x$，$\dot{H}_x$ に乗じて，虚数部[†6]をとる必要がある．上の場合は，複素ベクトル表示 $\dot{E}_x$，$\dot{H}_x$（式 (2.19)）に $\sqrt{2}\,e^{j\omega t}$ を乗じて一旦指数関数形式に変換し，さらにその虚数部をとれば元の時間領域での表示 E_x，H_x（式 (2.17)）が得られる．

次項では，マクスウェルの電磁方程式を複素ベクトル表示してみよう．なお，すでにベクトル記号法を熟知している読者は，複素ベクトル表示の結果のみを確認し，次項を読み飛ばしても構わない．

2.3.1 ファラデーの電磁誘導則の複素ベクトル表示

時間領域で表示されているファラデーの電磁誘導則の微分形の式 (2.12) を複素ベクトル表示してみよう．まず，式 (2.12) を再掲する．

$$\nabla \times \boldsymbol{E} = -\frac{\partial \boldsymbol{B}}{\partial t} \qquad (2.12)\text{再掲}$$

上式は時間領域の表示であるので，これを一旦指数関数形式で書き直してみよう．$\boldsymbol{E}$ の指数関数形式表示は $\sqrt{2}\,\dot{\boldsymbol{E}}e^{j\omega t}$ であるので，式 (2.12) 左辺の指数関数形式表示は次のようになる．

$$[\text{式 (2.12) 左辺の指数関数形式表示}] = \nabla \times \left(\sqrt{2}\,\dot{\boldsymbol{E}}e^{j\omega t}\right)$$

オペレータ「$\nabla \times$」は場所についての微分であるので，結局

$$[\text{式 (2.12) 左辺の指数関数形式表示}] = \sqrt{2}\,e^{j\omega t}\left(\nabla \times \dot{\boldsymbol{E}}\right)$$

一方，式 (2.12) 右辺については，まず，その x 成分を考える．

[†6] 基準となる信号によっては実数部をとる場合がある．

2.3 正弦波電磁界の表示方法

$$-\frac{\partial B_x}{\partial t} = -\mu \frac{\partial H_x}{\partial t} = -\mu \frac{\partial}{\partial t}\left\{\sqrt{2}|\dot{H}_x|\sin(\omega t + \theta)\right\}$$
$$= -\sqrt{2}\,\omega\mu|\dot{H}_x|\cos(\omega t + \theta)$$
$$= -\sqrt{2}\,\omega\mu|\dot{H}_x|\sin\left(\omega t + \theta + \frac{\pi}{2}\right)$$

これを指数関数形式で表示すると，次のようになる．

[式 (2.12) 右辺の x 成分の指数関数形式表示] $= -\sqrt{2}\,\omega\mu|\dot{H}_x|\,e^{j\left(\omega t + \theta + \frac{\pi}{2}\right)}$
$$= -j\sqrt{2}\,\omega\mu|\dot{H}_x|\,e^{j\theta}e^{j\omega t}$$
$$= -j\sqrt{2}\,\omega\mu\dot{H}_x\,e^{j\omega t}$$

y 成分，z 成分についても，同様に

[式 (2.12) 右辺の y 成分の指数関数形式表示] $= -j\sqrt{2}\,\omega\mu\dot{H}_y\,e^{j\omega t}$

[式 (2.12) 右辺の z 成分の指数関数形式表示] $= -j\sqrt{2}\,\omega\mu\dot{H}_z\,e^{j\omega t}$

以上の結果から，左辺 = 右辺 より
$$\sqrt{2}\,e^{j\omega t}\left(\nabla \times \dot{\boldsymbol{E}}\right) = -j\sqrt{2}\,\omega\mu\dot{\boldsymbol{H}}\,e^{j\omega t}$$
（ここで $\dot{\boldsymbol{H}} = \boldsymbol{e}_x\dot{H}_x + \boldsymbol{e}_y\dot{H}_y + \boldsymbol{e}_z\dot{H}_z$ ）

$$\therefore \quad \nabla \times \dot{\boldsymbol{E}} = -j\omega\mu\dot{\boldsymbol{H}} \tag{2.20}$$

上式 (2.20) が，ファラデーの電磁誘導則の複素ベクトル表示である．

2.3.2 アンペアーマクスウェルの法則の複素ベクトル表示

次にアンペア-マクスウェルの法則の微分形の式 (2.16) を複素ベクトル表示してみよう．まず，式 (2.16) を再掲する．

$$\nabla \times \boldsymbol{H} = \boldsymbol{i} + \frac{\partial \boldsymbol{D}}{\partial t} \tag{2.16 再掲}$$

ファラデーの電磁誘導則の複素ベクトル表示の場合と同様に，時間領域で表示されている上式を指数関数形式で書き直してみる．$\boldsymbol{H}$ の指数関数形式表示は $\sqrt{2}\,\dot{\boldsymbol{H}}e^{j\omega t}$ であるので，式 (2.16) 左辺の指数関数形式表示は次のようになる．

[式 (2.16) 左辺の指数関数形式表示] $= \nabla \times \left(\sqrt{2}\,\dot{\boldsymbol{H}}e^{j\omega t}\right)$

オペレータ「$\nabla \times$」は場所についての微分であるので，結局

[式 (2.16) 左辺の指数関数形式表示] $= \sqrt{2}\,e^{j\omega t}\left(\nabla \times \dot{\boldsymbol{H}}\right)$

一方,式 (2.16) 右辺について,$i = \sigma E$ とおくと,

$$\sigma E + \varepsilon \frac{\partial D}{\partial t} = \sigma E + \varepsilon \frac{\partial E}{\partial t}$$

ここで,x 成分について考えると,

$$\sigma E_x + \varepsilon \frac{\partial E_x}{\partial t} = \sigma \left\{ \sqrt{2} \, |\dot{E}_x| \sin(\omega t + \theta) \right\} + \varepsilon \frac{\partial}{\partial t} \left\{ \sqrt{2} \, |\dot{E}_x| \sin(\omega t + \theta) \right\}$$
$$= \sqrt{2} \, \sigma \, |\dot{E}_x| \sin(\omega t + \theta) + \sqrt{2} \, \omega \varepsilon \, |\dot{E}_x| \cos(\omega t + \theta)$$
$$= \sqrt{2} \, \sigma \, |\dot{E}_x| \sin(\omega t + \theta) + \sqrt{2} \, \omega \varepsilon \, |\dot{E}_x| \sin\left(\omega t + \theta + \frac{\pi}{2}\right)$$

これを指数関数形式で表示すると,次のようになる.

[式 (2.16) 右辺の x 成分の指数関数形式表示]
$$= \sqrt{2} \, \sigma \, |\dot{E}_x| \, e^{j(\omega t + \theta)} + \sqrt{2} \, \omega \varepsilon \, |\dot{E}_x| \, e^{j\left(\omega t + \theta + \frac{\pi}{2}\right)}$$
$$= \sqrt{2} \, \sigma \, |\dot{E}_x| \, e^{j\theta} e^{j\omega t} + j\sqrt{2} \, \omega \varepsilon \, |\dot{E}_x| \, e^{j\theta} e^{j\omega t}$$
$$= \sqrt{2} \, \sigma \dot{E}_x \, e^{j\omega t} + j\sqrt{2} \, \omega \varepsilon \dot{E}_x \, e^{j\omega t} = \sqrt{2} \, e^{j\omega t} (\sigma + j\omega \varepsilon) \dot{E}_x$$

y 成分,z 成分についても,同様に

[式 (2.16) 右辺の y 成分の指数関数形式表示] $= \sqrt{2} \, e^{j\omega t} (\sigma + j\omega \varepsilon) \dot{E}_y$

[式 (2.16) 右辺の z 成分の指数関数形式表示] $= \sqrt{2} \, e^{j\omega t} (\sigma + j\omega \varepsilon) \dot{E}_z$

以上の結果から,左辺 = 右辺 より,

$$\sqrt{2} \, e^{j\omega t} \left(\nabla \times \dot{H} \right) = \sqrt{2} \, e^{j\omega t} (\sigma + j\omega \varepsilon) \dot{E}$$

(ここで $\dot{E} = e_x \dot{E}_x + e_y \dot{E}_y + e_z \dot{E}_z$)

$$\therefore \ \nabla \times \dot{H} = (\sigma + j\omega \varepsilon) \dot{E} \tag{2.21}$$

式 (2.21) が,アンペア–マクスウェルの法則の複素ベクトル表示である.

複素ベクトル表示されたマクスウェルの電磁方程式は,正弦波電磁界の定常解析をはじめ,さまざまな場面で使用される.時間領域の表示,複素ベクトル表示ともに,方程式のもつ意味をよく理解した上で利用することが肝要である.

2.4 ポインティングベクトル

2.1 節の考察から，また後述の伝送線路理論からもわかるように，平面波の電界 E は電圧 V と，磁界 H は電流 I とそれぞれ対応関係にある．このことから，VI から想起される $E \times H$ は，電磁波の場合の電力（エネルギー）に関連していることが予見される．そこで時間領域で表示された電界 E，磁界 H のベクトル積の発散 $\nabla \cdot (E \times H)$ を考えてみよう．ベクトル恒等式より次の関係が成立する．

$$\nabla \cdot (E \times H) = H \cdot (\nabla \times E) - E \cdot (\nabla \times H)$$

ここで，右辺にファラデーの電磁誘導則およびアンペア–マクスウェルの法則である式 (2.12), (2.16) を適用すると，次式を得る．

$$\begin{aligned}\nabla \cdot (E \times H) &= H \cdot (\nabla \times E) - E \cdot (\nabla \times H) \\ &= H \cdot \left(-\frac{\partial B}{\partial t}\right) - E \cdot \left(i + \frac{\partial D}{\partial t}\right) \\ &= -\frac{\partial}{\partial t}\left(\frac{1}{2}\mu H^2\right) - \sigma E^2 - \frac{\partial}{\partial t}\left(\frac{1}{2}\varepsilon E^2\right) \\ &= -\frac{\partial}{\partial t}\left(\frac{1}{2}\varepsilon E^2 + \frac{1}{2}\mu H^2\right) - \sigma E^2\end{aligned}$$

ここで，右辺第 1 項，2 項はそれぞれ「電界，磁界に蓄えられるエネルギーの時間変化」および「その点における消費電力」を表している．一方，左辺はある点におけるベクトル $E \times H$ の発散，つまり $E \times H$ の流出を表している．以上の結果から $E \times H$ は，その点から流出するエネルギー，電力流を表していることになる．この $E \times H$ をポインティングベクトルという．

ポインティングベクトル

$$S = E \times H \tag{2.22}$$

今 E, H は時間的に変動するものと考えているので，時間平均 $\overline{E \times H}$ を求めてみよう．直交座標系では次式のように計算できる．

$$\begin{aligned}\overline{E \times H} &= \overline{e_x(E_y H_z - E_z H_y) + e_y(E_z H_x - E_x H_z) + e_z(E_x H_y - E_y H_x)} \\ &= e_x(\overline{E_y H_z} - \overline{E_z H_y}) + e_y(\overline{E_z H_x} - \overline{E_x H_z}) + e_z(\overline{E_x H_y} - \overline{E_y H_x})\end{aligned}$$

ここで一例として，上式右辺第 1 項の $\overline{E_y H_z}$ を求めてみよう．E_y, H_z が正弦波状に時間変化するものとし，次式のようにおく．

$$E_y = |E_y| \cos(\omega t + \theta_1)$$

$$H_z = |H_z| \cos(\omega t + \theta_2)$$

ここで E_y は次式のように表現できる．

$$E_y = |E_y| \frac{e^{j(\omega t + \theta_1)} + e^{-j(\omega t + \theta_1)}}{2} = \frac{1}{\sqrt{2}} \left(\frac{|E_y|}{\sqrt{2}} e^{j\theta_1} e^{j\omega t} + \frac{|E_y|}{\sqrt{2}} e^{-j\theta_1} e^{-j\omega t} \right)$$

$$\therefore \quad E_y = \frac{1}{\sqrt{2}} \left(\dot{E}_y e^{j\omega t} + \dot{E}_y^* e^{-j\omega t} \right)$$

ここで $\dot{E}_y = |E_y| e^{j\theta_1}/\sqrt{2}$，$\dot{E}_y^*$ は $\dot{E}_y$ の複素共役である．同様に H_z は次式となる．

$$H_z = \frac{1}{\sqrt{2}} \left(\dot{H}_z e^{j\omega t} + \dot{H}_z^* e^{-j\omega t} \right)$$

ここで $\dot{H}_z = |H_z| e^{j\theta_2}/\sqrt{2}$，$\dot{H}_z^*$ は $\dot{H}_z$ の複素共役である．これより $\overline{E_y H_z}$ は次式のようになる．

$$\overline{E_y H_z} = \overline{\left\{ \frac{1}{\sqrt{2}} \left(\dot{E}_y e^{j\omega t} + \dot{E}_y^* e^{-j\omega t} \right) \right\} \left\{ \frac{1}{\sqrt{2}} \left(\dot{H}_z e^{j\omega t} + \dot{H}_z^* e^{-j\omega t} \right) \right\}}$$

$$= \overline{\frac{1}{2} \left(\dot{E}_y \dot{H}_z e^{2j\omega t} + \dot{E}_y \dot{H}_z^* + \dot{E}_y^* \dot{H}_z + \dot{E}_y^* \dot{H}_z^* e^{-2j\omega t} \right)}$$

$$= \frac{1}{2} \left(\dot{E}_y \dot{H}_z^* + \dot{E}_y^* \dot{H}_z \right)$$

$$\therefore \quad \overline{E_y H_z} = \mathrm{Re} \left(\dot{E}_y \dot{H}_z^* \right)$$

同様に

$$\overline{E_z H_y} = \mathrm{Re} \left(\dot{E}_z \dot{H}_y^* \right)$$

$$\overline{E_z H_x} = \mathrm{Re} \left(\dot{E}_z \dot{H}_x^* \right)$$

$$\overline{E_x H_z} = \mathrm{Re} \left(\dot{E}_x \dot{H}_z^* \right)$$

$$\overline{E_x H_y} = \mathrm{Re} \left(\dot{E}_x \dot{H}_y^* \right)$$

$$\overline{E_y H_x} = \mathrm{Re} \left(\dot{E}_y \dot{H}_x^* \right)$$

これより $\overline{\boldsymbol{E} \times \boldsymbol{H}}$ が次式のように得られる.

$$\begin{aligned}
\overline{\boldsymbol{E} \times \boldsymbol{H}} &= \mathbf{e}_x \left(\overline{E_y H_z} - \overline{E_z H_y}\right) + \mathbf{e}_y \left(\overline{E_z H_x} - \overline{E_x H_z}\right) \\
&\quad + \mathbf{e}_z \left(\overline{E_x H_y} - \overline{E_y H_x}\right) \\
&= \mathrm{Re}\Big\{\mathbf{e}_x \left(\dot{E}_y \dot{H}_z^* - \dot{E}_z \dot{H}_y^*\right) + \mathbf{e}_y \left(\dot{E}_z \dot{H}_x^* - \dot{E}_x \dot{H}_z^*\right) \\
&\quad + \mathbf{e}_z \left(\dot{E}_x \dot{H}_y^* - \dot{E}_y \dot{H}_x^*\right)\Big\} \\
\therefore \quad \overline{\boldsymbol{E} \times \boldsymbol{H}} &= \mathrm{Re}\left(\dot{\boldsymbol{E}} \times \dot{\boldsymbol{H}}^*\right)
\end{aligned}$$

以上の結果から，電力流の時間平均は $\dot{\boldsymbol{E}} \times \dot{\boldsymbol{H}}^*$ の実数部から得られることがわかる．この $\dot{\boldsymbol{E}} \times \dot{\boldsymbol{H}}^*$ を**複素ポインティングベクトル**という．

複素ポインティングベクトル

$$\dot{\boldsymbol{S}} = \dot{\boldsymbol{E}} \times \dot{\boldsymbol{H}}^* \tag{2.23}$$

2章の問題

☐ **2.1** 変位電流について簡単に説明せよ．

☐ **2.2** 角周波数 ω で正弦波状に時間変化する電磁界において，ある観測点の電界 $\dot{\boldsymbol{E}}$ が $(\dot{E}_x, 0, 0)$ であるとき，その点の磁束密度 $\dot{\boldsymbol{B}}$ を求めよ．

☐ **2.3** 角周波数 ω で正弦波状に時間変化する電磁界において，ある観測点の磁界 $\dot{\boldsymbol{H}}$ が $(\dot{H}_x, 0, 0)$ であるとき，その点の電界 $\dot{\boldsymbol{E}}$ を求めよ．ただし，観測点を含む空間は真空（誘電率 ε_0）とする．

第3章
波動方程式と平面波

　電磁波は非常に速い速度で伝搬するため，電磁波に情報をのせることによって瞬時に遠方まで情報を伝えることができる．通信や放送は，この電磁波の性質を利用したものである．電磁波が波動として伝搬するならば，波動方程式を満足するはずである．ここではマクスウェルの電磁方程式をもとに，電界，磁界それぞれについて波動方程式を導出し，電磁波が波動として伝搬することを示すとともに，電磁波の最もシンプルな形式である平面波を定義する．

第 3 章 波動方程式と平面波

3.1 電磁波の波動方程式

電磁波が波動として伝搬することを示すには，**波動方程式**を満足することを示せばよい．そこで，まず電界に関する波動方程式を導出してみよう．

3.1.1 電界に関する波動方程式

まず，マクスウェルの電磁方程式を以下に再掲する．

$$\nabla \cdot \boldsymbol{D} = \rho \qquad (2.3)\,\text{再掲}$$

$$\nabla \times \boldsymbol{E} = -\frac{\partial \boldsymbol{B}}{\partial t} \qquad (2.12)\,\text{再掲}$$

$$\nabla \cdot \boldsymbol{B} = 0 \qquad (2.7)\,\text{再掲}$$

$$\nabla \times \boldsymbol{H} = \boldsymbol{i} + \frac{\partial \boldsymbol{D}}{\partial t} \qquad (2.16)\,\text{再掲}$$

このうち式 (2.12)（ファラデーの電磁誘導則）の両辺の回転をとる．

$$\nabla \times (\nabla \times \boldsymbol{E}) = \nabla \times \left(-\frac{\partial \boldsymbol{B}}{\partial t}\right) \qquad (3.1)$$

左辺を展開すると

$$[\text{式 (3.1) 左辺}] = \nabla \times (\nabla \times \boldsymbol{E})$$
$$= \nabla \nabla \cdot \boldsymbol{E} - \nabla^2 \boldsymbol{E}$$

ここで，電磁波の伝搬する空間には電荷がないとすると，式 (2.3) より $\nabla \cdot \boldsymbol{D} = 0$ であるので

$$[\text{式 (3.1) 左辺}] = -\nabla^2 \boldsymbol{E}$$

一方，式 (3.1) 右辺については

$$[\text{式 (3.1) 右辺}] = \nabla \times \left(-\frac{\partial \boldsymbol{B}}{\partial t}\right)$$
$$= -\frac{\partial}{\partial t}(\nabla \times \boldsymbol{B})$$
$$= -\mu \frac{\partial}{\partial t}(\nabla \times \boldsymbol{H})$$

式 (2.16) より

$$[\text{式 (3.1) 右辺}] = -\mu \frac{\partial}{\partial t}\left(\boldsymbol{i} + \frac{\partial \boldsymbol{D}}{\partial t}\right)$$

媒質の導電率を σ とすると、伝導電流 i は $\sigma \boldsymbol{E}$ であるので

$$[式 (3.1) 右辺] = -\mu \frac{\partial}{\partial t}\left(\sigma \boldsymbol{E} + \frac{\partial \boldsymbol{D}}{\partial t}\right)$$

$$= -\mu\sigma \frac{\partial \boldsymbol{E}}{\partial t} - \varepsilon\mu \frac{\partial^2 \boldsymbol{E}}{\partial t^2}$$

左辺 = 右辺 より

$$-\nabla^2 \boldsymbol{E} = -\mu\sigma \frac{\partial \boldsymbol{E}}{\partial t} - \varepsilon\mu \frac{\partial^2 \boldsymbol{E}}{\partial t^2}$$

$$\therefore \quad \nabla^2 \boldsymbol{E} = \mu\sigma \frac{\partial \boldsymbol{E}}{\partial t} + \varepsilon\mu \frac{\partial^2 \boldsymbol{E}}{\partial t^2} \tag{3.2}$$

式 (3.2) は電界に関する波動方程式であり、電界は波動として伝搬していることを示している.

3.1.2 磁界に関する波動方程式

電界の場合と同様の手順で導出できる. 式 (2.16)(アンペア–マクスウェルの法則) の両辺の回転をとる.

$$\nabla \times (\nabla \times \boldsymbol{H}) = \nabla \times \left(\boldsymbol{i} + \frac{\partial \boldsymbol{D}}{\partial t}\right) \tag{3.3}$$

左辺を展開すると

$$[式 (3.3) 左辺] = \nabla \times (\nabla \times \boldsymbol{H})$$

$$= \nabla\nabla \cdot \boldsymbol{H} - \nabla^2 \boldsymbol{H}$$

式 (2.7) より $\nabla \cdot \boldsymbol{H} = 0$ であるので

$$[式 (3.3) 左辺] = -\nabla^2 \boldsymbol{H}$$

一方、式 (3.3) 右辺については

$$[式 (3.3) 右辺] = \nabla \times \left(\boldsymbol{i} + \frac{\partial \boldsymbol{D}}{\partial t}\right)$$

$\boldsymbol{i} = \sigma \boldsymbol{E}$ であるので

$$[式 (3.3) 右辺] = \nabla \times \left(\sigma \boldsymbol{E} + \frac{\partial \boldsymbol{D}}{\partial t}\right)$$

$$= \sigma(\nabla \times \boldsymbol{E}) + \varepsilon \frac{\partial}{\partial t}(\nabla \times \boldsymbol{E})$$

式 (2.12) より,

$$[\text{式 (3.3) 右辺}] = \sigma\left(-\frac{\partial \boldsymbol{B}}{\partial t}\right) + \varepsilon\frac{\partial}{\partial t}\left(-\frac{\partial \boldsymbol{B}}{\partial t}\right)$$

$$= -\sigma\frac{\partial \boldsymbol{B}}{\partial t} - \varepsilon\frac{\partial^2 \boldsymbol{B}}{\partial t^2}$$

左辺 = 右辺 より

$$-\nabla^2 \boldsymbol{H} = -\sigma\frac{\partial \boldsymbol{B}}{\partial t} - \varepsilon\frac{\partial^2 \boldsymbol{B}}{\partial t^2}$$

$$\therefore \quad \nabla^2 \boldsymbol{H} = \mu\sigma\frac{\partial \boldsymbol{H}}{\partial t} + \varepsilon\mu\frac{\partial^2 \boldsymbol{H}}{\partial t^2} \tag{3.4}$$

式 (3.4) は磁界に関する波動方程式であり，磁界も電界と同様に波動として伝搬していることがわかる．

3.1.3 電磁波の伝搬速度

式 (3.2), (3.4) の偏微分方程式は，それぞれ電界および磁界についての波動方程式を表しており，電界，磁界はそれぞれ波動として伝搬していることがわかる．

無損失媒質[†]（導電率 $\sigma = 0$）中を電磁波が伝搬するとき，式 (3.2), (3.4) は次式となる．

$$\nabla^2 \boldsymbol{E} = \varepsilon\mu\frac{\partial^2 \boldsymbol{E}}{\partial t^2} \tag{3.5}$$

$$\nabla^2 \boldsymbol{H} = \varepsilon\mu\frac{\partial^2 \boldsymbol{H}}{\partial t^2} \tag{3.6}$$

一般に，波動関数 $\boldsymbol{u}$ についての波動方程式は

$$\nabla^2 \boldsymbol{u} = \frac{1}{v^2}\frac{\partial^2 \boldsymbol{u}}{\partial t^2}$$

となり，v は $\boldsymbol{u}$ の伝搬速度を表している．これと式 (3.5), (3.6) とを比較すると，電界，磁界はともに

$$v = \frac{1}{\sqrt{\varepsilon\mu}} \tag{3.7}$$

[†]電磁波は，導電率 $\sigma = 0$ の無損失媒質あるいは真空を伝搬する場合を考えて論ずることが多い．通常の大気は，真空と考えて差し支えない．

3.1 電磁波の波動方程式

なる速さで伝搬していることがわかる．ここで ε, μ はそれぞれ媒質の誘電率，透磁率で媒質固有の値であるから，電磁波の伝搬速度は媒質の種類によって決まることがわかる．なお，媒質が真空であるとき誘電率，透磁率はそれぞれ真空誘電率 ε_0，真空透磁率 μ_0 となり，電磁波の伝搬速度 v_0 は光速と一致する．

真空中の電磁波の伝搬速度

$$v_0 = \frac{1}{\sqrt{\varepsilon_0 \mu_0}} \tag{3.8}$$

■ 例題 3.1 ■

比誘電率 4 の誘電体（$\sigma = 0$，$\mu = \mu_0$）中を伝搬する周波数 100 MHz の電磁波の伝搬速度および波長を求めよ．なお，真空中の電磁波の伝搬速度は 3×10^8 m/s とする．

【解答】 誘電体の誘電率 ε は $4\varepsilon_0$（ε_0 は真空誘電率）であるから，伝搬する電磁波の伝搬速度 v は次式となる．

$$v = \frac{1}{\sqrt{\varepsilon \mu}} = \frac{1}{\sqrt{4\varepsilon_0 \mu_0}} = \frac{v_0}{2} \quad （v_0 \text{ は真空中の電磁波の伝搬速度}）$$

$$\therefore \quad v = \frac{3 \times 10^8}{2} = 1.5 \times 10^8 \text{ [m/s]}$$

また，波長 λ は伝搬速度 v を周波数 f で除したものであるので

$$\lambda = \frac{v}{f} = \frac{\left(\frac{v_0}{2}\right)}{f}$$

$$\therefore \quad \lambda = \frac{1.5 \times 10^8}{100 \times 10^6} = 1.5 \text{ [m]}$$

3.2 ベクトルヘルムホルツ方程式

3.1 節で導いた電磁界の波動方程式 (3.2), (3.4) は，いうまでもなく時間領域の方程式であるが，実際の電磁界解析では，時間因子を分離して周波数領域での電磁界の振る舞いを知りたい場合が少なくない．そこで，2.3 節で紹介したベクトル記号法を用いて，電界，磁界に関する波動方程式 (3.2), (3.4) を複素ベクトル表示してみよう．

$$\nabla^2 \boldsymbol{E} = \mu\sigma \frac{\partial \boldsymbol{E}}{\partial t} + \varepsilon\mu \frac{\partial^2 \boldsymbol{E}}{\partial t^2} \qquad (3.2) \text{ 再掲}$$

$$\nabla^2 \boldsymbol{H} = \mu\sigma \frac{\partial \boldsymbol{H}}{\partial t} + \varepsilon\mu \frac{\partial^2 \boldsymbol{H}}{\partial t^2} \qquad (3.4) \text{ 再掲}$$

ここで $\boldsymbol{E}$, $\boldsymbol{H}$ は時間領域表示であり，各成分は次式のとおりである．

$$E_x = \sqrt{2}\,|\dot{E}_x|\sin(\omega t + \theta),\ E_y = \sqrt{2}\,|\dot{E}_y|\sin(\omega t + \theta),\ E_z = \sqrt{2}\,|\dot{E}_z|\sin(\omega t + \theta)$$
$$H_x = \sqrt{2}\,|\dot{H}_x|\sin(\omega t + \theta),\ H_y = \sqrt{2}\,|\dot{H}_y|\sin(\omega t + \theta),\ H_z = \sqrt{2}\,|\dot{H}_z|\sin(\omega t + \theta)$$
$$(3.9)$$

なお，式 (3.2) と (3.4) は同じ形式であるので，ここでは，式 (3.2) の複素ベクトル表示を求めてみる．

式 (3.2) の x 成分の両辺は，式 (3.9) より，次式のように書ける．

$$[\text{式 (3.2) 左辺の } x \text{ 成分}] = \nabla^2 E_x = \nabla^2 \left\{ \sqrt{2}\,|\dot{E}_x|\sin(\omega t + \theta) \right\}$$

$$[\text{式 (3.2) 右辺の } x \text{ 成分}] = \mu\sigma \frac{\partial E_x}{\partial t} + \varepsilon\mu \frac{\partial^2 E_x}{\partial t^2}$$

$$= \mu\sigma \frac{\partial}{\partial t} \left\{ \sqrt{2}\,|\dot{E}_x|\sin(\omega t + \theta) \right\} + \varepsilon\mu \frac{\partial^2}{\partial t^2} \left\{ \sqrt{2}\,|\dot{E}_x|\sin(\omega t + \theta) \right\}$$

$$= \sqrt{2}\,\omega\mu\sigma\,|\dot{E}_x|\cos(\omega t + \theta) - \sqrt{2}\,\omega^2\varepsilon\mu\,|\dot{E}_x|\sin(\omega t + \theta)$$

$$= \sqrt{2}\,\omega\mu\sigma\,|\dot{E}_x|\sin\left(\omega t + \theta + \frac{\pi}{2}\right) - \sqrt{2}\,\omega^2\varepsilon\mu\,|\dot{E}_x|\sin(\omega t + \theta)$$

指数関数形式で表示すると

$$[\text{式 (3.2) 左辺の } x \text{ 成分の指数関数形式表示}]$$

$$= \nabla^2 \left\{ \sqrt{2}\,|\dot{E}_x|\,e^{j(\omega t + \theta)} \right\} = \nabla^2 \left(\sqrt{2}\,|\dot{E}_x|\,e^{j\theta}e^{j\omega t} \right)$$

$$= \nabla^2 \left(\sqrt{2}\,\dot{E}_x\,e^{j\omega t} \right) \qquad (\because\ \dot{E}_x = |\dot{E}_x|\,e^{j\theta})$$

$$= \sqrt{2}\,e^{j\omega t}\nabla^2 \dot{E}_x$$

3.2 ベクトルヘルムホルツ方程式

[式 (3.2) 右辺の x 成分の指数関数形式表示]
$$= \sqrt{2}\omega\mu\sigma |\dot{E}_x| e^{j(\omega t + \theta + \frac{\pi}{2})} - \sqrt{2}\omega^2\varepsilon\mu |\dot{E}_x| e^{j(\omega t + \theta)}$$
$$= j\sqrt{2}\omega\mu\sigma |\dot{E}_x| e^{j\theta} e^{j\omega t} - \sqrt{2}\omega^2\varepsilon\mu |\dot{E}_x| e^{j\theta} e^{j\omega t} \quad (\because e^{j\frac{\pi}{2}} = j)$$
$$= j\sqrt{2}\omega\mu\sigma \dot{E}_x e^{j\omega t} - \sqrt{2}\omega^2\varepsilon\mu \dot{E}_x e^{j\omega t} \quad (\because \dot{E}_x = |\dot{E}_x| e^{j\theta})$$

左辺 = 右辺 より $\sqrt{2} e^{j\omega t} \nabla^2 \dot{E}_x = j\sqrt{2}\omega\mu\sigma \dot{E}_x e^{j\omega t} - \sqrt{2}\omega^2\varepsilon\mu \dot{E}_x e^{j\omega t}$ となり，式 (3.2) の x 成分 $\nabla^2 \dot{E}_x = (-\omega^2\varepsilon\mu + j\omega\mu\sigma) \dot{E}_x$ を得る．

同様の手順で，式 (3.2) の y 及び z 成分が，次式のように得られる．
$$\nabla^2 \dot{E}_y = (-\omega^2\varepsilon\mu + j\omega\mu\sigma) \dot{E}_y, \qquad \nabla^2 \dot{E}_z = (-\omega^2\varepsilon\mu + j\omega\mu\sigma) \dot{E}_z$$

以上から，式 (3.2) の複素ベクトル表示が，次式 (3.10) のように得られる．
$$\nabla^2 \dot{\boldsymbol{E}} = (-\omega^2\varepsilon\mu + j\omega\mu\sigma) \dot{\boldsymbol{E}} \tag{3.10}$$

式 (3.4) についても同様の手順で以下の複素ベクトル表示式が得られる．
$$\nabla^2 \dot{\boldsymbol{H}} = (-\omega^2\varepsilon\mu + j\omega\mu\sigma) \dot{\boldsymbol{H}} \tag{3.11}$$

ここで，
$$\dot{k}^2 = \omega^2\varepsilon\mu - j\omega\mu\sigma \tag{3.12}$$

とおくと，
$$\nabla^2 \dot{\boldsymbol{E}} = -\dot{k}^2 \dot{\boldsymbol{E}}, \qquad \nabla^2 \dot{\boldsymbol{H}} = -\dot{k}^2 \dot{\boldsymbol{H}}$$

これより，次式が得られる．

$$\nabla^2 \dot{\boldsymbol{E}} + \dot{k}^2 \dot{\boldsymbol{E}} = 0$$
$$\nabla^2 \dot{\boldsymbol{H}} + \dot{k}^2 \dot{\boldsymbol{H}} = 0 \tag{3.13}$$

これらの方程式を**ベクトルヘルムホルツ方程式**という．

無損失媒質（$\sigma = 0$）の場合，式 (3.12) の $\dot{k}$ は実数 k となる．
$$k^2 = \omega^2\varepsilon\mu \tag{3.14}$$

電磁波の伝搬速度 v は，式 (3.7) より $v = 1/\sqrt{\varepsilon\mu}$ であるから，
$$k^2 = \frac{\omega^2}{v^2}, \qquad \therefore \ k = \frac{\omega}{v} = \frac{2\pi f}{v} = \frac{2\pi}{\lambda}$$

この k を**波数**といい，詳細は次節で述べる．

3.3 波数ベクトル

ベクトルヘルムホルツ方程式の導出過程で以下のような方程式が出てきた．

$$\nabla^2 \dot{\boldsymbol{E}} = \left(-\omega^2 \varepsilon \mu + j\omega\mu\sigma\right)\dot{\boldsymbol{E}} \qquad (3.10) \text{ 再掲}$$

$$\nabla^2 \dot{\boldsymbol{H}} = \left(-\omega^2 \varepsilon \mu + j\omega\mu\sigma\right)\dot{\boldsymbol{H}} \qquad (3.11) \text{ 再掲}$$

簡単化のため無損失媒質（$\sigma = 0$）を考えると次式を得る．

$$\nabla^2 \dot{\boldsymbol{E}} = -\omega^2 \varepsilon \mu \dot{\boldsymbol{E}} \qquad (3.15)$$

$$\nabla^2 \dot{\boldsymbol{H}} = -\omega^2 \varepsilon \mu \dot{\boldsymbol{H}} \qquad (3.16)$$

このうち式 (3.15) を直交座標系で展開してみると，x，y，z の各成分に対して次の 3 つの式が得られる．

$$\frac{\partial^2 \dot{E}_x}{\partial x^2} + \frac{\partial^2 \dot{E}_x}{\partial y^2} + \frac{\partial^2 \dot{E}_x}{\partial z^2} = -\omega^2 \varepsilon \mu \dot{E}_x$$

$$\frac{\partial^2 \dot{E}_y}{\partial x^2} + \frac{\partial^2 \dot{E}_y}{\partial y^2} + \frac{\partial^2 \dot{E}_y}{\partial z^2} = -\omega^2 \varepsilon \mu \dot{E}_y$$

$$\frac{\partial^2 \dot{E}_z}{\partial x^2} + \frac{\partial^2 \dot{E}_z}{\partial y^2} + \frac{\partial^2 \dot{E}_z}{\partial z^2} = -\omega^2 \varepsilon \mu \dot{E}_z$$

このうち $\dot{E}_x$ についての偏微分方程式を変数分離法で解いてみよう．$\dot{E}_x = \dot{X}\dot{Y}\dot{Z}$ とおき，$\dot{X}$，$\dot{Y}$，$\dot{Z}$ はそれぞれ x，y，z のみの関数とすると，

$$\frac{\partial^2}{\partial x^2}(\dot{X}\dot{Y}\dot{Z}) + \frac{\partial^2}{\partial y^2}(\dot{X}\dot{Y}\dot{Z}) + \frac{\partial^2}{\partial z^2}(\dot{X}\dot{Y}\dot{Z}) = -\omega^2 \varepsilon \mu \dot{X}\dot{Y}\dot{Z}$$

$$\dot{Y}\dot{Z}\frac{\partial^2 \dot{X}}{\partial x^2} + \dot{X}\dot{Z}\frac{\partial^2 \dot{Y}}{\partial y^2} + \dot{X}\dot{Y}\frac{\partial^2 \dot{Z}}{\partial z^2} = -\omega^2 \varepsilon \mu \dot{X}\dot{Y}\dot{Z}$$

両辺を $\dot{X}\dot{Y}\dot{Z}$ で除すると

$$\frac{1}{\dot{X}}\frac{\partial^2 \dot{X}}{\partial x^2} + \frac{1}{\dot{Y}}\frac{\partial^2 \dot{Y}}{\partial y^2} + \frac{1}{\dot{Z}}\frac{\partial^2 \dot{Z}}{\partial z^2} = -\omega^2 \varepsilon \mu \qquad (3.17)$$

左辺の各項はそれぞれ x，y，z の関数であり，右辺は定数である．x，y，z によらず上式が成立するためには，左辺の各項が x，y，z によらず一定でなければならない．そこで左辺の各項をそれぞれ $-k_x^2$，$-k_y^2$，$-k_z^2$ とおくと

$$-k_x^2 - k_y^2 - k_z^2 = -\omega^2 \varepsilon \mu \quad \therefore \quad k_x^2 + k_y^2 + k_z^2 = \omega^2 \varepsilon \mu$$

式 (3.14) によると，上式右辺は k^2 であるから
$$k_x^2 + k_y^2 + k_z^2 = k^2 \tag{3.18}$$
となる．また，電磁波の伝搬速度 v は 3.1.3 項で示したとおり，
$$v = \frac{1}{\sqrt{\varepsilon\mu}} \tag{3.7 再掲}$$
であるから，
$$k^2 = \frac{\omega^2}{v^2}$$
これより波数 k が次のように求まる．
$$k = \frac{\omega}{v} = \frac{2\pi f}{v} = \frac{2\pi}{\lambda}$$

波数
$$k = \frac{2\pi}{\lambda} \tag{3.19}$$

式 (3.19) によると，波数 k は 2π を波長 λ で除したものであるから，単位長さあたりの位相の変化を表している．したがって，k にある長さを乗ずると，その長さに対して位相がどの程度変化するのかがわかる．

ところで，先ほど式 (3.17) 左辺の各項を以下のようにおいた．
$$\frac{1}{\dot{X}}\frac{\partial^2 \dot{X}}{\partial x^2} = -k_x^2, \quad \frac{1}{\dot{Y}}\frac{\partial^2 \dot{Y}}{\partial y^2} = -k_y^2, \quad \frac{1}{\dot{Z}}\frac{\partial^2 \dot{Z}}{\partial z^2} = -k_z^2$$
これらの偏微分方程式を解くと，それぞれ以下のような一般解が得られる．
$$\dot{X} = \dot{X}_0 e^{-jk_x x} + \dot{X}_1 e^{jk_x x}$$
$$\dot{Y} = \dot{Y}_0 e^{-jk_y y} + \dot{Y}_1 e^{jk_y y}$$
$$\dot{Z} = \dot{Z}_0 e^{-jk_z z} + \dot{Z}_1 e^{jk_z z}$$

これらの式の右辺第 1 項はそれぞれ x, y, z の正の向きに伝搬する波，第 2 項は負の向きに伝搬する波を表している．媒質の不連続な部分に電磁波が入射すると，一般に入射波とは異なる方向に伝搬する反射波が発生する．ここで電磁波の伝搬している媒質が均一で無限に広がっているとすると反射波が発生しないため，反射波を表している上の 3 式の右辺の第 2 項は消滅し，次式を得る．

$$\dot{X} = \dot{X}_0 e^{-jk_x x}, \qquad \dot{Y} = \dot{Y}_0 e^{-jk_y y}, \qquad \dot{Z} = \dot{Z}_0 e^{-jk_z z}$$

この場合，$\dot{E}_x$ は次のように求まる．

$$\begin{aligned}
\dot{E}_x &= \dot{X}\dot{Y}\dot{Z} = \dot{X}_0 e^{-jk_x x} \dot{Y}_0 e^{-jk_y y} \dot{Z}_0 e^{-jk_z z} \\
&= \dot{X}_0 \dot{Y}_0 \dot{Z}_0 e^{-j(k_x x + k_y y + k_z z)} = \dot{X}_0 \dot{Y}_0 \dot{Z}_0 e^{-j\boldsymbol{k}\cdot\boldsymbol{r}} \\
&\therefore \ \dot{E}_x = \dot{E}_{0x} e^{-j\boldsymbol{k}\cdot\boldsymbol{r}}
\end{aligned} \tag{3.20}$$

ここで $\dot{E}_{0x} = \dot{X}_0 \dot{Y}_0 \dot{Z}_0$ である．また，x, y, z の各方向に対する単位ベクトルをそれぞれ $\mathbf{e}_x$, $\mathbf{e}_y$, $\mathbf{e}_z$ とすると，$\boldsymbol{k}$ と $\boldsymbol{r}$ は

$$\boldsymbol{k} = \mathbf{e}_x k_x + \mathbf{e}_y k_y + \mathbf{e}_z k_z \tag{3.21}$$

$$\boldsymbol{r} = \mathbf{e}_x x + \mathbf{e}_y y + \mathbf{e}_z z$$

である．式 (3.18)，(3.21) より $\boldsymbol{k}$ の大きさは k であり，$\boldsymbol{r}$ は位置 (x, y, z) に対する位置ベクトルであることから，$\boldsymbol{k}\cdot\boldsymbol{r}$ は原点に対する位相の変化を表している（$\boldsymbol{k}$ と $\boldsymbol{r}$ が同じ向きである場合を考えるとわかりやすい．同じ向きなら $\boldsymbol{k}\cdot\boldsymbol{r} = |\boldsymbol{k}||\boldsymbol{r}|\cos 0 = kr$ となる）．この $\boldsymbol{k}$ を**波数ベクトル**という．

■ **例題 3.2** ■

真空中を伝搬する周波数 300 MHz の電磁波の波数を求めよ．なお，真空中の電磁波の伝搬速度は 3×10^8 m/s とする．

【解答】 周波数 f の電磁波の波長 λ は次式で与えられる．

$$\lambda = \frac{v_0}{f} \quad (v_0 \text{ は真空中の電磁波の伝搬速度})$$

$$\therefore \ \lambda = \frac{3 \times 10^8}{300 \times 10^6} = 1 \ [\text{m}]$$

したがって波数 k は

$$k = \frac{2\pi}{\lambda} = \frac{2\pi}{1} = 2\pi \ [\text{rad/m}]$$

● k, $\dot{k}$, $\boldsymbol{k}$ ●

本書では，k, $\dot{k}$, $\boldsymbol{k}$ をすべて異なる記号で表現し，明確に区別しているが，電磁波工学の参考書の多くは「時間領域表示」と「複素ベクトル表示」に同じ記号を用いており，読者自身で判断しなければならないケースが多い．

3.4 平面波

k と r の内積 $k \cdot r$ が原点 O ($r = (0,0,0)$) に対する位相の変化を表していることは前節で述べたとおりである．今，図 3.1 のように，原点 O に電磁波の波源をおいたとしよう．この波源が等方性の点波源（3 次元のすべての方向に均一に放射する性質をもつ波源）とすると，O から放射された電磁界の等位相面は原点 O を中心とする球面となり，平面になることはない．O に近い位置の等位相面上に領域 S_1 をとると，S_1 上の k の向きは S_1 に対して法線方向となるから（3.5 節），S_1 が球面状である限り k の向きが揃うことはない．しかし O から十分に離れた位置で等位相面と接する S_1 と同じ面積の領域 S_2 を考えたとき，O から離れるほど S_2 は平面に近付く．k の向きは等位相面に対して法線方向であるから，S_2 が平面に近付くにつれて S_2 上の k の向きがほぼ等しくなってくる．また S_2 上の位置ベクトル r は，その大きさ，向きともにほぼ等しくなるため，S_2 上で $k \cdot r = |k||r|\cos 0 = kr \approx$ 一定 となる．つまり O から離れるほど，電磁波の伝搬方向に対する横断面内で位相が等しくなってくる（いうまでもなく O に近い位置で等位相面に接する平面をとった場合，その平面を表す位置ベクトル r は向きのみならず大きさも一定とならない．

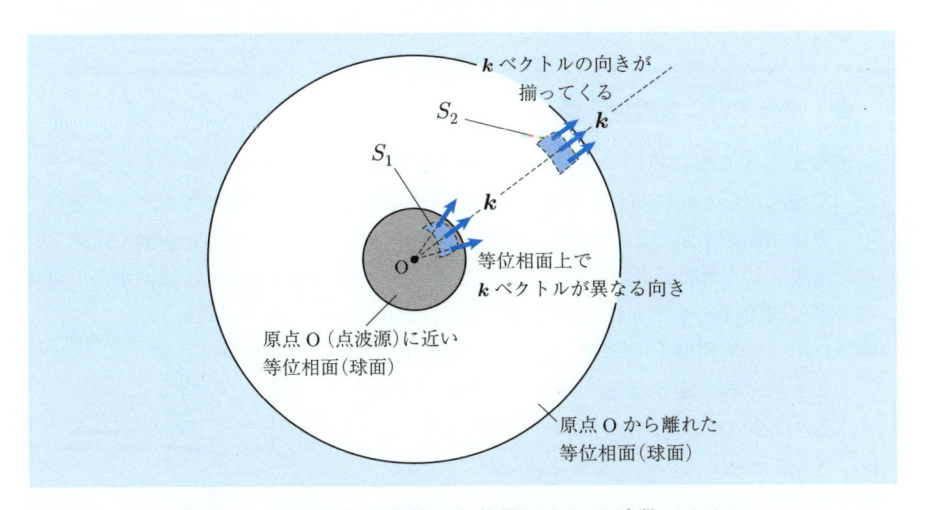

図 3.1 波源から十分離れた位置における波数ベクトル

したがって O に近い等位相面に接する平面上では $kr \approx$ 一定 とはならず，位相が等しくはならない）．電磁波の波動方程式の解が次式で与えられるとき，

$$\dot{E} = \dot{E}_0 e^{-j\boldsymbol{k}\cdot\boldsymbol{r}} + \dot{E}_1 e^{j\boldsymbol{k}\cdot\boldsymbol{r}}$$
$$\dot{H} = \dot{H}_0 e^{-j\boldsymbol{k}\cdot\boldsymbol{r}} + \dot{H}_1 e^{j\boldsymbol{k}\cdot\boldsymbol{r}}$$
(3.22)

ある観測点 $\boldsymbol{r}$ において電界，磁界はともに $\boldsymbol{k}$ 方向に伝搬しているが，$\boldsymbol{k}$ を法線ベクトルとする平面上（すなわち伝搬方向に対する垂直な横断面上）で，$\boldsymbol{k}\cdot\boldsymbol{r}$ が一定ならば，その平面上の至るところで位相が一定であることを示している．このように等位相面が平面である電磁波を**平面波**と呼んでいる．

● 平面波による近似 ●

波源から遠く離れるにつれて，電磁波の等位相面は平面に近づいてくる．したがって波源から十分に離れた点において，等位相面は平面と仮定しても差し支えない．等位相面が平面である（すなわち平面波）と仮定すると，3次元空間を伝搬する電磁波をより簡潔に表現することができる．例えば z の正の向きに伝搬する平面波の等位相面は x-y 平面に平行な面となる（次項参照）が，等位相面上の電界，磁界は振幅，位相ともにそれぞれ一定となるため，等位相面上で電界，磁界はそれぞれ x，y の関数ではなくなり（x，y に対して一定となり），大変見通しがよくなる．第5章では，平面波を用いて電磁波の性質を明らかにしていく．

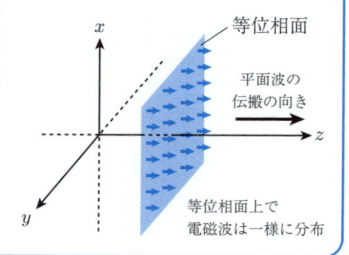

3.5 平面波電磁界の向きと伝搬方向の関係

電磁波の波動方程式の一般解は式 (3.22) となるが，電界，磁界と伝搬方向の関係を調べるにあたって簡単化のため，反射波（式 (3.22) 右辺の第 2 項）に相当する成分はないものとすると，位置ベクトル $\bm{r} = (x, y, z)$ の点における電界 $\dot{\bm{E}}(x, y, z)$ の各成分は次のように記せる．

$$\begin{aligned} \dot{E}_x &= \dot{E}_{0x} e^{-j\bm{k}\cdot\bm{r}} \\ \dot{E}_y &= \dot{E}_{0y} e^{-j\bm{k}\cdot\bm{r}} \\ \dot{E}_z &= \dot{E}_{0z} e^{-j\bm{k}\cdot\bm{r}} \end{aligned} \tag{3.23}$$

今，考えている空間に電荷はない（$\rho = 0$）と仮定し，上式 (3.23) をガウスの法則 $\nabla \cdot \dot{\bm{E}} = 0$ に代入してみよう．

$$\begin{aligned} \nabla \cdot \dot{\bm{E}} &= \frac{\partial \dot{E}_x}{\partial x} + \frac{\partial \dot{E}_y}{\partial y} + \frac{\partial \dot{E}_z}{\partial z} \\ &= \dot{E}_{0x} \frac{\partial}{\partial x} e^{-j\bm{k}\cdot\bm{r}} + \dot{E}_{0y} \frac{\partial}{\partial y} e^{-j\bm{k}\cdot\bm{r}} + \dot{E}_{0z} \frac{\partial}{\partial z} e^{-j\bm{k}\cdot\bm{r}} \end{aligned}$$

右辺第 1 項を計算すると，以下のようになる．

$$\begin{aligned} \dot{E}_{0x} \frac{\partial}{\partial x} e^{-j\bm{k}\cdot\bm{r}} &= \dot{E}_{0x} \frac{\partial}{\partial x} e^{-j(k_x x + k_y y + k_z z)} \\ &= \dot{E}_{0x} e^{-jk_y y} e^{-jk_z z} \frac{\partial}{\partial x} e^{-jk_x x} \\ &= -jk_x \dot{E}_{0x} e^{-jk_y y} e^{-jk_z z} e^{-jk_x x} \\ &= -jk_x \dot{E}_{0x} e^{-j\bm{k}\cdot\bm{r}} \end{aligned}$$

第 2 項，第 3 項も同様に求まる．

$$\dot{E}_{0y} \frac{\partial}{\partial y} e^{-j\bm{k}\cdot\bm{r}} = -jk_y \dot{E}_{0y} e^{-j\bm{k}\cdot\bm{r}}$$

$$\dot{E}_{0z} \frac{\partial}{\partial y} e^{-j\bm{k}\cdot\bm{r}} = -jk_z \dot{E}_{0z} e^{-j\bm{k}\cdot\bm{r}}$$

したがって，

$$\nabla \cdot \dot{\boldsymbol{E}} = \dot{E}_{0x}\frac{\partial}{\partial x}e^{-j\boldsymbol{k}\cdot\boldsymbol{r}} + \dot{E}_{0y}\frac{\partial}{\partial y}e^{-j\boldsymbol{k}\cdot\boldsymbol{r}} + \dot{E}_{0z}\frac{\partial}{\partial z}e^{-j\boldsymbol{k}\cdot\boldsymbol{r}}$$

$$= -jk_x\dot{E}_{0x}e^{-j\boldsymbol{k}\cdot\boldsymbol{r}} - jk_y\dot{E}_{0y}e^{-j\boldsymbol{k}\cdot\boldsymbol{r}} - jk_z\dot{E}_{0z}e^{-j\boldsymbol{k}\cdot\boldsymbol{r}}$$

$$= -j\left(k_x\dot{E}_{0x} + k_y\dot{E}_{0y} + k_z\dot{E}_{0z}\right)e^{-j\boldsymbol{k}\cdot\boldsymbol{r}}$$

$\dot{\boldsymbol{E}}_0 = \dot{E}_{0x}\mathbf{e}_x + \dot{E}_{0y}\mathbf{e}_y + \dot{E}_{0z}\mathbf{e}_z$ とおくと

$$= -j\left(\boldsymbol{k}\cdot\dot{\boldsymbol{E}}_0\right)e^{-j\boldsymbol{k}\cdot\boldsymbol{r}} = 0$$

$$\therefore \quad -j\left(\boldsymbol{k}\cdot\dot{\boldsymbol{E}}_0\right)e^{-j\boldsymbol{k}\cdot\boldsymbol{r}} = 0$$

これより次の関係が得られる．

$$\boldsymbol{k}\cdot\dot{\boldsymbol{E}}_0 = 0 \tag{3.24}$$

$|\boldsymbol{k}|$，$|\dot{\boldsymbol{E}}_0|$ ともに $\neq 0$ であるから，$\boldsymbol{k}$ と $\dot{\boldsymbol{E}}_0$ とのなす角は $\pi/2$ となる．このことから，波数ベクトル（$\boldsymbol{k}$）と電界ベクトル（$\dot{\boldsymbol{E}}_0$）とは直交していることがわかる．

一方，波数ベクトルと磁界との関係については，磁界に関するガウスの法則 $\nabla\cdot\dot{\boldsymbol{H}} = 0$ を用いることにより，電界の場合と同様の手順で得ることができる．磁界 $\dot{\boldsymbol{H}}(x,y,z)$ の各成分を次のようにおく．

$$\dot{H}_x = \dot{H}_{0x}e^{-j\boldsymbol{k}\cdot\boldsymbol{r}}$$
$$\dot{H}_y = \dot{H}_{0y}e^{-j\boldsymbol{k}\cdot\boldsymbol{r}}$$
$$\dot{H}_z = \dot{H}_{0z}e^{-j\boldsymbol{k}\cdot\boldsymbol{r}}$$

これらを $\nabla\cdot\dot{\boldsymbol{H}} = 0$ に代入して整理すると，次式を得る．

$$\boldsymbol{k}\cdot\dot{\boldsymbol{H}}_0 = 0 \tag{3.25}$$

ここで $\dot{\boldsymbol{H}}_0 = \dot{H}_{0x}\mathbf{e}_x + \dot{H}_{0y}\mathbf{e}_y + \dot{H}_{0z}\mathbf{e}_z$ である．$|\boldsymbol{k}|$，$|\dot{\boldsymbol{H}}_0|$ ともに $\neq 0$ であるから，$\boldsymbol{k}$ と $\dot{\boldsymbol{H}}_0$ とのなす角は $\pi/2$ となる．このことから，波数ベクトル（$\boldsymbol{k}$）と磁界ベクトル（$\dot{\boldsymbol{H}}_0$）とは直交していることがわかる．

さらに，複素ベクトル表示したファラデーの電磁誘導則

$$\nabla\times\dot{\boldsymbol{E}} = -j\omega\mu\dot{\boldsymbol{H}} \tag{2.20 再掲}$$

に式 (3.23) で定義した $\dot{\boldsymbol{E}}$ を代入してみよう．すると式 (2.20) 左辺は次のようになる．

3.5 平面波電磁界の向きと伝搬方向の関係

$$
\begin{aligned}
[\text{式 (2.20) 左辺}] &= \nabla \times \dot{\boldsymbol{E}} \\
&= \left(\frac{\partial \dot{E}_z}{\partial y} - \frac{\partial \dot{E}_y}{\partial z} \right) \mathbf{e}_x + \left(\frac{\partial \dot{E}_x}{\partial z} - \frac{\partial \dot{E}_z}{\partial x} \right) \mathbf{e}_y \\
&\quad + \left(\frac{\partial \dot{E}_y}{\partial x} - \frac{\partial \dot{E}_x}{\partial y} \right) \mathbf{e}_z \\
&= \left(-jk_y \dot{E}_{0z} e^{-j\boldsymbol{k}\cdot\boldsymbol{r}} + jk_z \dot{E}_{0y} e^{-j\boldsymbol{k}\cdot\boldsymbol{r}} \right) \mathbf{e}_x \\
&\quad + \left(-jk_z \dot{E}_{0x} e^{-j\boldsymbol{k}\cdot\boldsymbol{r}} + jk_x \dot{E}_{0z} e^{-j\boldsymbol{k}\cdot\boldsymbol{r}} \right) \mathbf{e}_y \\
&\quad + \left(-jk_x \dot{E}_{0y} e^{-j\boldsymbol{k}\cdot\boldsymbol{r}} + jk_y \dot{E}_{0x} e^{-j\boldsymbol{k}\cdot\boldsymbol{r}} \right) \mathbf{e}_z \\
&= -je^{-j\boldsymbol{k}\cdot\boldsymbol{r}} \left(k_y \dot{E}_{0z} - k_z \dot{E}_{0y} \right) \mathbf{e}_x \\
&\quad - je^{-j\boldsymbol{k}\cdot\boldsymbol{r}} \left(k_z \dot{E}_{0x} - k_x \dot{E}_{0z} \right) \mathbf{e}_y \\
&\quad - je^{-j\boldsymbol{k}\cdot\boldsymbol{r}} \left(k_x \dot{E}_{0y} - k_y \dot{E}_{0x} \right) \mathbf{e}_z \\
&= -je^{-j\boldsymbol{k}\cdot\boldsymbol{r}} \left(\boldsymbol{k} \times \dot{\boldsymbol{E}}_0 \right)
\end{aligned}
$$

一方,式 (2.20) 右辺は次のようになる.

$$[\text{式 (2.20) 右辺}] = -j\omega\mu \dot{\boldsymbol{H}} = -j\omega\mu \dot{\boldsymbol{H}}_0 e^{-j\boldsymbol{k}\cdot\boldsymbol{r}}$$

左辺 = 右辺 より次式が得られる.

$$-je^{-j\boldsymbol{k}\cdot\boldsymbol{r}} \left(\boldsymbol{k} \times \dot{\boldsymbol{E}}_0 \right) = -j\omega\mu \dot{\boldsymbol{H}}_0 e^{-j\boldsymbol{k}\cdot\boldsymbol{r}}$$

$$\therefore \; \boldsymbol{k} \times \dot{\boldsymbol{E}}_0 = \omega\mu \dot{\boldsymbol{H}}_0 \tag{3.26}$$

式 (3.24), (3.25), (3.26) の関係から,波数ベクトル $\boldsymbol{k}$,電界 $\dot{\boldsymbol{E}}_0$,磁界 $\dot{\boldsymbol{H}}_0$ は図 3.2 のように互いに直交していることがわかる.

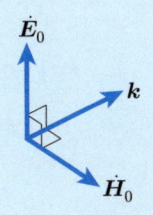

図 3.2 波数ベクトルと電界,磁界の向き

ここで,波数ベクトル $\boldsymbol{k}$ の向きが,電磁波の伝搬方向を表していることは,複素ポインティングベクトル $\dot{\boldsymbol{S}}$ から確認することができる.式 (3.26) より $\dot{\boldsymbol{H}}_0 = \frac{1}{\omega\mu}(\boldsymbol{k} \times \dot{\boldsymbol{E}}_0)$ であるから,$\dot{\boldsymbol{S}}$ は次式のように書ける.

$$\dot{\boldsymbol{S}} = \dot{\boldsymbol{E}}_0 \times \dot{\boldsymbol{H}}_0^* = \dot{\boldsymbol{E}}_0 \times \left\{\frac{1}{\omega\mu}\left(\boldsymbol{k} \times \dot{\boldsymbol{E}}_0\right)\right\}^* = \frac{1}{\omega\mu}\left\{\dot{\boldsymbol{E}}_0 \times \left(\boldsymbol{k} \times \dot{\boldsymbol{E}}_0\right)^*\right\}$$

$$= \frac{1}{\omega\mu}\left\{\dot{\boldsymbol{E}}_0 \times \left(\boldsymbol{k} \times \dot{\boldsymbol{E}}_0^*\right)\right\}$$

ベクトル恒等式 $\boldsymbol{A} \times (\boldsymbol{B} \times \boldsymbol{C}) = (\boldsymbol{A} \cdot \boldsymbol{C})\boldsymbol{B} - (\boldsymbol{A} \cdot \boldsymbol{B})\boldsymbol{C}$ より

$$\dot{\boldsymbol{S}} = \frac{1}{\omega\mu}\left\{\left(\dot{\boldsymbol{E}}_0 \cdot \dot{\boldsymbol{E}}_0^*\right)\boldsymbol{k} - \left(\dot{\boldsymbol{E}}_0 \cdot \boldsymbol{k}\right)\dot{\boldsymbol{E}}_0^*\right\}$$

式 (3.24) より $\boldsymbol{k} \cdot \dot{\boldsymbol{E}}_0 = 0$ であるから

$$\dot{\boldsymbol{S}} = \frac{1}{\omega\mu}\left\{\left(\dot{\boldsymbol{E}}_0 \cdot \dot{\boldsymbol{E}}_0^*\right)\boldsymbol{k}\right\} = \frac{|\dot{\boldsymbol{E}}_0|^2}{\omega\mu}\boldsymbol{k}$$

上式は,$\boldsymbol{k}$ と $\dot{\boldsymbol{S}}$ が同じ向きであることを示しているため,$\boldsymbol{k}$ の向きは電磁波のもつ電力の流れの向き,つまり,電磁波の伝搬方向を表していることになる.このことから,電磁波の伝搬方向と,電界,磁界の向きは,互いに直交していることがわかる.

3章の問題

☐ **3.1** 比誘電率 9 の誘電体($\sigma = 0$, $\mu = \mu_0$)中を伝搬する周波数 $200\,\mathrm{MHz}$ の電磁波の伝搬速度,波長,波数を求めよ.なお,真空における電磁波の伝搬速度は $3 \times 10^8\,\mathrm{m/s}$ とする.

☐ **3.2** 正弦波状に時間変化し,以下のような成分を有する平面波電磁界は x 方向に伝搬することを示せ.

電界 $\quad \dot{\boldsymbol{E}} = \left(\dot{E}_x, \dot{E}_y, \dot{E}_z\right) = \left(0, \sqrt{3}, 1\right)$

磁界 $\quad \dot{\boldsymbol{H}} = \left(\dot{H}_x, \dot{H}_y, \dot{H}_z\right) = \left(0, -1, \sqrt{3}\right)$

第4章
電磁波の境界条件

　マクスウェルの電磁方程式をもとに，これから電磁波の基本的な性質を明らかにしてゆく．ここでは，例えば空気と導体の境目（境界）など，異なる媒質が接している位置において，電磁波がどのような振る舞いをするかを調べる．これは，例えば同軸ケーブルや導波管などの伝送路を伝搬する電磁波など，さまざまな環境における電磁波の振る舞いを知るのに必要不可欠である．ここでは電界，電束密度，磁界，磁束密度のそれぞれに対する境界条件を求める．

4.1 電界の境界条件

電界の境界条件を求めるにあたり，図 4.1 のように，2 つの媒質が x-z 平面で接しているようなモデルを考えよう．境界面を跨ぐように境界面に対して垂直な方向に微小な周回路 C をとり，C を鎖交する磁束が時間的に変動したとする．このとき C 周辺には，ファラデーの電磁誘導則にしたがって電界 $\bm{E}$ が発生する（2.1.3 項参照）．もし周回路 C が導体でできていたとすれば，導体には 2.1.3 項で示した式 (2.8), (2.10) にしたがって，次式のような誘導起電力 V が発生すると考えられる．

$$V = -\frac{d\phi(t)}{dt} \tag{4.1}$$

$$V = \oint_C \bm{E} \cdot d\bm{\ell} \tag{4.2}$$

ここで ϕ は C を鎖交する磁束，$d\bm{\ell}$ は C に沿った向きの微小ベクトルである．なお ϕ は次のように表現できる．

$$\phi = \int_S \bm{B} \cdot \bm{e}_z \, ds$$

ここで $\bm{e}_z$ は z 方向の単位ベクトル，S は C で囲まれた面積である．

式 (4.1), (4.2) の右辺は導体の有無に関係なく等しくなるため，結局，次式の関係が得られる．

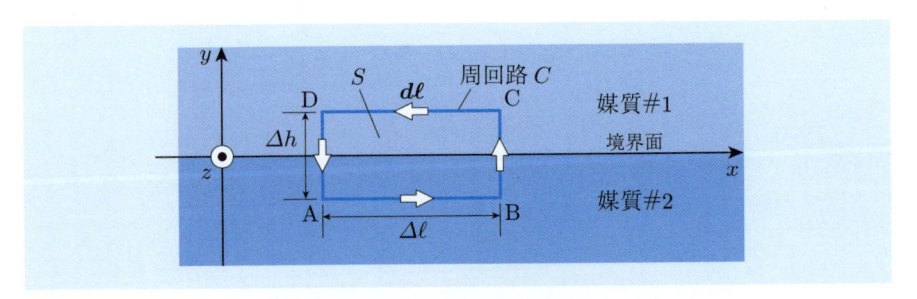

図 4.1 異なる媒質の境界面

4.1 電界の境界条件

$$V = \oint_C \boldsymbol{E} \cdot d\boldsymbol{\ell}$$

$$= -\frac{d\phi(t)}{dt}$$

$$= -\frac{d}{dt} \int_S \boldsymbol{B} \cdot \boldsymbol{e}_z \, ds$$

$$\therefore \oint_C \boldsymbol{E} \cdot d\boldsymbol{\ell} = -\frac{d}{dt} \int_S \boldsymbol{B} \cdot \boldsymbol{e}_z \, ds \tag{4.3}$$

ここで式 (4.3) の右辺，左辺をそれぞれ求めてみよう．まず左辺は C に沿って $\boldsymbol{E}$ を周回積分したものである．

$$[\text{式 (4.3) 左辺}] = \oint_C \boldsymbol{E} \cdot d\boldsymbol{\ell}$$

$$= \oint_{\text{ABCDA}} \boldsymbol{E} \cdot d\boldsymbol{\ell}$$

$$= \int_A^B \boldsymbol{E} \cdot d\boldsymbol{\ell} + \int_B^C \boldsymbol{E} \cdot d\boldsymbol{\ell} + \int_C^D \boldsymbol{E} \cdot d\boldsymbol{\ell} + \int_D^A \boldsymbol{E} \cdot d\boldsymbol{\ell}$$

今，両媒質の境界での条件を調べているので $\Delta h \to 0$ とすると

$$\lim_{\Delta h \to 0} \oint_C \boldsymbol{E} \cdot d\boldsymbol{\ell} = \int_A^B \boldsymbol{E} \cdot d\boldsymbol{\ell} + \int_C^D \boldsymbol{E} \cdot d\boldsymbol{\ell}$$

$$= (\boldsymbol{E} \cdot \boldsymbol{e}_x) \Delta \ell + \{\boldsymbol{E} \cdot (-\boldsymbol{e}_x)\} \Delta \ell$$

ここで $\boldsymbol{e}_x$ は x 方向の単位ベクトルである．なお，$d\boldsymbol{\ell}$ は C に沿った向きの微小ベクトルであるので，A → B 区間と C → D 区間とでは $d\boldsymbol{\ell}$ の向きが逆となることに注意する．周回路 C は微小であるので A → B，C → D の区間内において，電界はそれぞれ一定であると考えて差し支えないため，$\boldsymbol{e}_x$ を用いて上式のように表現できる．しかし，A → B 区間と C → D 区間とでは媒質が異なるため，電界 $\boldsymbol{E}$ が異なる可能性がある．そこで，媒質 #1，#2 の電界をそれぞれ $\boldsymbol{E}_1$，$\boldsymbol{E}_2$ とおくと，

$$\lim_{\Delta h \to 0} \oint_C \boldsymbol{E} \cdot d\boldsymbol{\ell} = (\boldsymbol{E}_2 \cdot \boldsymbol{e}_x) \Delta \ell + \{\boldsymbol{E}_1 \cdot (-\boldsymbol{e}_x)\} \Delta \ell$$

$$= (\boldsymbol{E}_2 \cdot \boldsymbol{e}_x - \boldsymbol{E}_1 \cdot \boldsymbol{e}_x) \Delta \ell \tag{4.4}$$

次に式 (4.3) の右辺について考えてみる．左辺と同様に $\Delta h \to 0$ とすると

$S \to 0$ となり，C を鎖交する磁束数が限りなく 0 に近付くはずである．

$$\lim_{\Delta h \to 0} \left\{ -\frac{d}{dt} \int_S \boldsymbol{B} \cdot \mathbf{e}_z \, ds \right\} = 0 \tag{4.5}$$

結局，式 (4.4)，(4.5) より，次の関係が得られる．

$$(\boldsymbol{E}_2 \cdot \mathbf{e}_x - \boldsymbol{E}_1 \cdot \mathbf{e}_x) \Delta \ell = 0$$

$\Delta \ell \neq 0$ であるので

$$\boldsymbol{E}_2 \cdot \mathbf{e}_x - \boldsymbol{E}_1 \cdot \mathbf{e}_x = 0 \tag{4.6}$$

$$\therefore \boldsymbol{E}_1 \cdot \mathbf{e}_x = \boldsymbol{E}_2 \cdot \mathbf{e}_x \tag{4.7}$$

これが**電界の境界条件**であり，境界の両側において電界の接線方向成分は等しい，つまり電界の接線成分は境界で連続であることを示している．式 (4.7) は電界の境界条件をわかりやすく表現しているが，これをより一般的に表現してみよう．

x，y，z の各軸に対する単位ベクトル $\mathbf{e}_x$，$\mathbf{e}_y$，$\mathbf{e}_z$ 間の関係 $\mathbf{e}_x = \mathbf{e}_y \times \mathbf{e}_z$ を式 (4.6) 左辺に代入すると，次式が得られる．

$$\boldsymbol{E}_2 \cdot (\mathbf{e}_y \times \mathbf{e}_z) - \boldsymbol{E}_1 \cdot (\mathbf{e}_y \times \mathbf{e}_z) = 0$$

公式 $\boldsymbol{a} \cdot (\boldsymbol{b} \times \boldsymbol{c}) = (\boldsymbol{a} \times \boldsymbol{b}) \cdot \boldsymbol{c}$[†] を左辺に適用すると，

$$(\boldsymbol{E}_2 \times \mathbf{e}_y) \cdot \mathbf{e}_z - (\boldsymbol{E}_1 \times \mathbf{e}_y) \cdot \mathbf{e}_z = 0$$

分配法則より

$$(\boldsymbol{E}_2 \times \mathbf{e}_y - \boldsymbol{E}_1 \times \mathbf{e}_y) \cdot \mathbf{e}_z = 0$$

$$\{(\boldsymbol{E}_2 - \boldsymbol{E}_1) \times \mathbf{e}_y\} \cdot \mathbf{e}_z = 0$$

ここで $\mathbf{e}_z \neq \mathbf{0}$ であり，$\{(\boldsymbol{E}_2 - \boldsymbol{E}_1) \times \mathbf{e}_y\}$ と $\mathbf{e}_z$ とのなす角も $\pi/2$ であるとは限らない．したがって，任意の $\{(\boldsymbol{E}_2 - \boldsymbol{E}_1) \times \mathbf{e}_y\}$ に対して，上式が成立するためには

$$(\boldsymbol{E}_2 - \boldsymbol{E}_1) \times \mathbf{e}_y = \mathbf{0}$$

でなければならない．ベクトル公式 $\boldsymbol{a} \times \boldsymbol{b} = -\boldsymbol{b} \times \boldsymbol{a}$ より

$$\mathbf{e}_y \times (\boldsymbol{E}_1 - \boldsymbol{E}_2) = \mathbf{0}$$

$\mathbf{e}_y$ は境界面に対して法線方向の単位ベクトルであるので，これを $\mathbf{n}$ とおくと次

[†] スカラ三重積

4.1 電界の境界条件

式のような**電界の境界条件の一般形**が得られる.

電界の境界条件（一般形）

$$\mathbf{n} \times (\boldsymbol{E}_1 - \boldsymbol{E}_2) = \boldsymbol{0} \tag{4.8}$$

● 完全導体との境界条件

完全導体は導電率が無限大の理想導体であり実在しないが，電磁界を解析する際，導体を完全導体と仮定すると，近似的な解が容易に得られて便利な場合がある．ここでは完全導体との境界条件を求めておこう．

完全導体内部ではその定義から電磁界は存在しない．図 4.2 のように媒質 #2 側が完全導体であるとすると式 (4.7) の $\boldsymbol{E}_2$ が $\boldsymbol{0}$ となり，次式のような境界条件が得られる．

$$\boldsymbol{E}_1 \cdot \mathbf{e}_x = 0 \tag{4.9}$$

これより，境界面付近の電界 $\boldsymbol{E}_1$ の接線成分は 0 であり，完全導体表面において電界は垂直成分のみであることがわかる．また，式 (4.8) に代入すると一般形が得られる．

$$\mathbf{n} \times \boldsymbol{E}_1 = \boldsymbol{0} \tag{4.10}$$

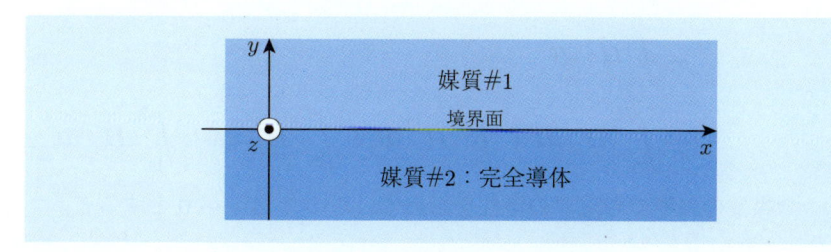

図 4.2 完全導体との境界面

4.2 磁界の境界条件

電界の境界条件を求めた際と同様に，2 つの異なる媒質の境界を跨ぐように周回路 C をとり，C で囲まれた面積 S を考える（図 4.3）．C の周辺の磁界，電束密度をそれぞれ $\boldsymbol{H}$，$\boldsymbol{D}$ とすると，アンペア–マクスウェルの法則より，

$$\nabla \times \boldsymbol{H} = \boldsymbol{i} + \frac{\partial \boldsymbol{D}}{\partial t} \qquad (2.16) \text{再掲}$$

なる関係がある．右辺の $\boldsymbol{i}$，$\partial \boldsymbol{D}/\partial t$ はそれぞれ伝導電流，変位電流である．伝導電流 $\boldsymbol{i}$ は媒質によって存在する場合としない場合があるが，ここではまず $\boldsymbol{i}$ の存在も考慮した一般的な境界条件を求めてみよう．上式は伝導電流，変位電流を考慮した C 周辺の電流密度に関する式であるので，C を鎖交する電流は両辺の z 方向成分を S で積分したものとなる．

$$\int_S \{(\nabla \times \boldsymbol{H}) \cdot \mathbf{e}_z\} ds = \int_S \left\{\left(\boldsymbol{i} + \frac{\partial \boldsymbol{D}}{\partial t}\right) \cdot \mathbf{e}_z\right\} ds \qquad (4.11)$$

ここで上式の左辺，右辺をそれぞれ求めてみよう．まず，上式の左辺にストークスの定理を適用すると，

$$[式 (4.11) 左辺] = \int_S \{(\nabla \times \boldsymbol{H}) \cdot \mathbf{e}_z\} ds$$

$$= \oint_C \boldsymbol{H} \cdot d\boldsymbol{\ell}$$

$$= \int_A^B \boldsymbol{H} \cdot d\boldsymbol{\ell} + \int_B^C \boldsymbol{H} \cdot d\boldsymbol{\ell} + \int_C^D \boldsymbol{H} \cdot d\boldsymbol{\ell} + \int_D^A \boldsymbol{H} \cdot d\boldsymbol{\ell}$$

今，2 つの媒質の境界での磁界の条件を求めているので $\Delta h \to 0$ とすると，

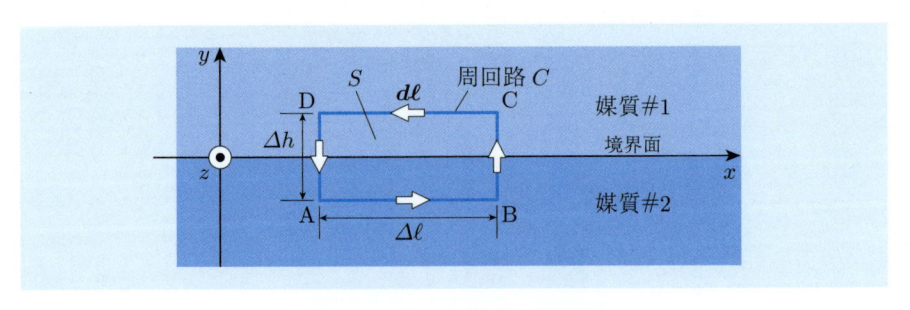

図 4.3　異なる媒質の境界面

4.2 磁界の境界条件

$$\lim_{\Delta h \to 0} \left[\int_S \{ (\nabla \times \boldsymbol{H}) \cdot \mathbf{e}_z \} ds \right] = \int_A^B \boldsymbol{H} \cdot d\boldsymbol{\ell} + \int_C^D \boldsymbol{H} \cdot d\boldsymbol{\ell}$$

区間 A $\to$ B, C $\to$ D における磁界をそれぞれ $\boldsymbol{H}_2$, $\boldsymbol{H}_1$ とすると,区間内で磁界は一定と考えてよいので

$$\lim_{\Delta h \to 0} \left[\int_S \{ (\nabla \times \boldsymbol{H}) \cdot \mathbf{e}_z \} ds \right] = (\boldsymbol{H}_2 \cdot \mathbf{e}_x) \Delta \ell + \{ \boldsymbol{H}_1 \cdot (-\mathbf{e}_x) \} \Delta \ell$$
$$= (\boldsymbol{H}_2 \cdot \mathbf{e}_x - \boldsymbol{H}_1 \cdot \mathbf{e}_x) \Delta \ell \tag{4.12}$$

一方,式 (4.11) 右辺を展開すると

$$\int_S \left\{ \left(\boldsymbol{i} + \frac{\partial \boldsymbol{D}}{\partial t} \right) \cdot \mathbf{e}_z \right\} ds = \int_S (\boldsymbol{i} \cdot \mathbf{e}_z) ds + \int_S \left(\frac{\partial \boldsymbol{D}}{\partial t} \cdot \mathbf{e}_z \right) ds$$

今,2つの媒質の境界での磁界の条件を求めているので $\Delta h \to 0$ とすると,$S \to 0$ となり C と鎖交する電束密度 $\boldsymbol{D}$ も $\boldsymbol{0}$ に近付くため,上式右辺第 2 項は 0 に近付く.一方,右辺第 1 項は伝導電流密度を面積分したものであるが,$\Delta h \to 0$ としても導体がわずかでも残っている限り伝導電流 $\boldsymbol{i}$ は流れるため第 1 項が消えることはない.したがって,

$$\lim_{\Delta h \to 0} \left[\int_S \left\{ \left(\boldsymbol{i} + \frac{\partial \boldsymbol{D}}{\partial t} \right) \cdot \mathbf{e}_z \right\} ds \right] = \lim_{\Delta h \to 0} \left\{ \int_S (\boldsymbol{i} \cdot \mathbf{e}_z) ds \right\} = i_z \Delta \ell \tag{4.13}$$

ここで $i_z \Delta \ell$ は,$\Delta h \to 0$ で厚さがほぼ 0 の領域 S(長さ $\Delta \ell$ の線状の領域)を貫く z 方向の伝導電流であり,i_z はこの細い線状領域を貫く単位長さあたりの電流を表している.式 (4.12), (4.13) より,

$$(\boldsymbol{H}_2 \cdot \mathbf{e}_x - \boldsymbol{H}_1 \cdot \mathbf{e}_x) \Delta \ell = i_z \Delta \ell$$

$$\boldsymbol{H}_2 \cdot \mathbf{e}_x - \boldsymbol{H}_1 \cdot \mathbf{e}_x = i_z \tag{4.14}$$

$$\therefore \ (\boldsymbol{H}_2 - \boldsymbol{H}_1) \cdot \mathbf{e}_x = i_z \tag{4.15}$$

上式 (4.15) は,境界面上のある点を考えたとき,その点に対して媒質 #1 側と媒質 #2 側との磁界の差は,その点の電流密度となることを示しており,境界面に流れる伝導電流を考慮した場合の**磁界の境界条件**を表している.

上式 (4.15) は,図 4.3 のように周回路 C を x-y 平面に平行にとったモデルから求めた境界条件である.そこで,周回路の取り方によらず成立する磁界の境界条件のより一般的な形を求めておこう.

式 (4.14) に $\mathbf{e}_x = \mathbf{e}_y \times \mathbf{e}_z$ を代入すると，
$$\mathbf{H}_2 \cdot (\mathbf{e}_y \times \mathbf{e}_z) - \mathbf{H}_1 \cdot (\mathbf{e}_y \times \mathbf{e}_z) = i_z$$
左辺に公式 $\boldsymbol{a} \cdot (\boldsymbol{b} \times \boldsymbol{c}) = (\boldsymbol{a} \times \boldsymbol{b}) \cdot \boldsymbol{c}$ を適用して
$$(\boldsymbol{H}_2 \times \mathbf{e}_y) \cdot \mathbf{e}_z - (\boldsymbol{H}_1 \times \mathbf{e}_y) \cdot \mathbf{e}_z = i_z$$
$$\{(\boldsymbol{H}_2 - \boldsymbol{H}_1) \times \mathbf{e}_y\} \cdot \mathbf{e}_z = i_z$$
$$\therefore \quad \{\mathbf{e}_y \times (\boldsymbol{H}_1 - \boldsymbol{H}_2)\} \cdot \mathbf{e}_z = i_z$$

これは，ベクトル $\{\mathbf{e}_y \times (\boldsymbol{H}_1 - \boldsymbol{H}_2)\}$ の z 方向成分が i_z であることを表している．境界面を流れる伝導電流は z 方向成分の他に x 方向成分も存在するので，i_x も考慮しなければならない．一方，y 方向に流れる伝導電流は存在しないため $i_y = 0$ である．すると $\mathbf{e}_y \times (\boldsymbol{H}_1 - \boldsymbol{H}_2)$ は次のように表現できる．
$$\mathbf{e}_y \times (\boldsymbol{H}_1 - \boldsymbol{H}_2) = i_x \mathbf{e}_x + 0 \mathbf{e}_y + i_z \mathbf{e}_z$$
左辺の $\mathbf{e}_y$ は境界面に対して法線方向の単位ベクトル $\mathbf{n}$ に等しい．また右辺は境界面を流れる伝導電流の密度††であるのでこれを $\boldsymbol{i}$ とおくと，媒質が導電率をもつ場合も考慮した**磁界の境界条件の一般形**が得られる．

磁界の境界条件（一般形）

$$\mathbf{n} \times (\boldsymbol{H}_1 - \boldsymbol{H}_2) = \boldsymbol{i} \tag{4.16}$$

(1) 導電率をもたない媒質の境界条件（図 **4.4**）

完全な誘電体など，両媒質が導電率をもたない場合は伝導電流が流れないため式 (4.15) 右辺の $\boldsymbol{i}$ は $\boldsymbol{0}$ となり，境界条件は次式となる．
$$(\boldsymbol{H}_2 - \boldsymbol{H}_1) \cdot \mathbf{e}_x = 0$$
$$\therefore \quad \boldsymbol{H}_1 \cdot \mathbf{e}_x = \boldsymbol{H}_2 \cdot \mathbf{e}_x \tag{4.17}$$

これより，両媒質が導電率をもたない場合は，その境界面の両側において磁界の接線成分が等しい，すなわち境界面において磁界の接線成分が連続であることを示している．また，式 (4.16) に代入すると一般形が得られる．
$$\mathbf{n} \times (\boldsymbol{H}_1 - \boldsymbol{H}_2) = \boldsymbol{0} \tag{4.18}$$

---

†† 表面電流密度と呼ばれることがあるが，境界面に流れる電流の成分は x, z 成分のみであり，境界面に対して y 方向（法線方向）の電流の面密度ではないことに注意する．

4.2 磁界の境界条件

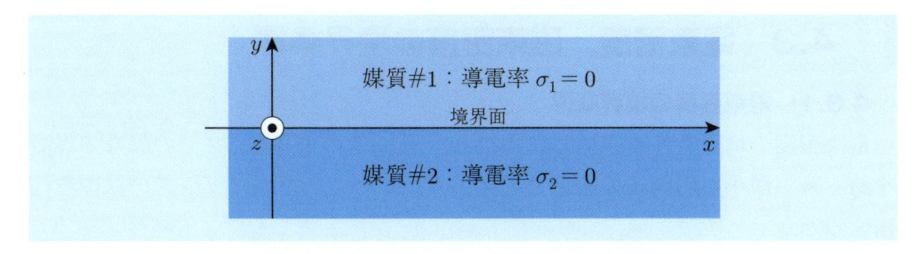

図 4.4 導電率をもたない媒質の境界面

(2) 完全導体との境界条件

完全導体は導電率が無限大の理想導体であり実在しないが，電磁界を解析する際，導体を完全導体と仮定すると，近似的な解が容易に得られて便利な場合がある．ここでは完全導体との境界条件を求めておこう．

完全導体内部では電磁界は存在せず，伝導電流は完全導体の表面にのみ流れる．図 4.5 のように媒質 #2 側が完全導体であるとすると，式 (4.15) の $\boldsymbol{H}_2$ が $\boldsymbol{0}$ となり，次式のような境界条件が得られる．

$$-\boldsymbol{H}_1 \cdot \mathbf{e}_x = i_z \tag{4.19}$$

これより，境界面付近の磁界 $\boldsymbol{H}_1$ の接線成分の大きさは，導体表面の電流密度に等しくなることがわかる．また，式 (4.16) に代入すると一般形が得られる．

$$\mathbf{n} \times \boldsymbol{H}_1 = \boldsymbol{i} \tag{4.20}$$

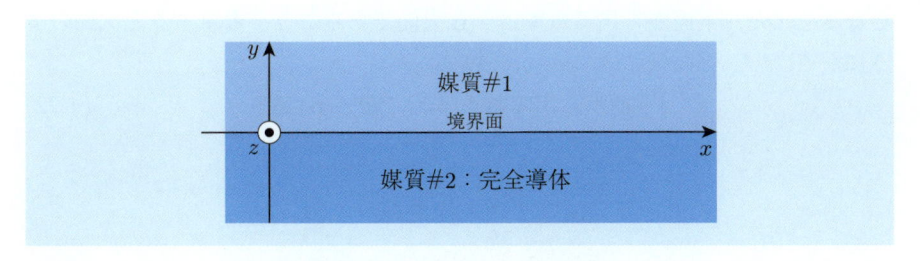

図 4.5 完全導体との境界面

4.3 電束密度,磁束密度の境界条件

4.3.1 電束密度の境界条件

電束密度の境界条件を求めるにあたり,図 4.6 のように,2 つの異なる媒質を跨ぐ薄い微小な円筒状の領域を考えよう.この円筒領域にガウスの法則を適用すると,

[円筒領域から出る電束の総数] = [円筒領域に含まれる電荷の総数]

という関係になる.この関係から,電束密度の境界条件を導くことができる.まずは,[円筒領域から出る電束の総数] から求めてみよう.

この領域周辺に電界が存在するとき,円筒領域の上面および下面の面積を ΔS,円筒の高さを Δh とすると,[円筒領域から出る電束の総数] は

[上面から出る電束] + [下面から出る電束] + [側面から出る電束]

となる.なお,円筒領域に入ってくる電束は,負号を用いて表現することにする.媒質 #1, #2 の電束密度をそれぞれ $\boldsymbol{D}_1$, $\boldsymbol{D}_2$ とおくと,上面から出る電束は次式のように表現できる.

$$[上面から出る電束] = \int_{上面} \boldsymbol{D}_1 \cdot \mathbf{n}\, ds$$

微小領域であるので上面の電束密度は一定と考えると

$$[上面から出る電束] = (\boldsymbol{D}_1 \cdot \mathbf{n})\, \Delta S \tag{4.21}$$

となる.また,下面から出る電束は $-\mathbf{n}$ 方向であることを考慮すると次式のようになる.

$$[下面から出る電束] = (-\boldsymbol{D}_2 \cdot \mathbf{n})\, \Delta S \tag{4.22}$$

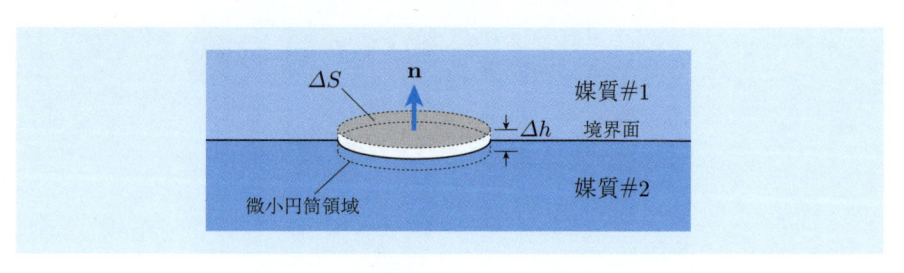

図 4.6 境界面をまたぐ微小円筒領域

4.3 電束密度,磁束密度の境界条件

上面,下面から出る電束は円筒領域の高さ Δh に係わらず式 (4.21), (4.22) となる.一方,側面の面積は $\Delta h \to 0$ とすると 0 に近付くため,側面から出る電束は 0 となると考えられる.すなわち,

$$\lim_{\Delta h \to 0}[側面から出る電束] = 0 \tag{4.23}$$

結局, $\Delta h \to 0$ としたときに微小円筒領域から出る全電束は,式 (4.21), (4.22), (4.23) より次式となる.

$$\lim_{\Delta h \to 0}\{[円筒領域から出る電束の総数]\}$$
$$= \lim_{\Delta h \to 0}\{[上面から出る電束] + [下面から出る電束] + [側面から出る電束]\}$$
$$= (\boldsymbol{D}_1 \cdot \mathbf{n})\,\Delta S + (-\boldsymbol{D}_2 \cdot \mathbf{n})\,\Delta S + 0$$
$$= \mathbf{n} \cdot (\boldsymbol{D}_1 - \boldsymbol{D}_2)\,\Delta S \tag{4.24}$$

一方, $\Delta h \to 0$ としたときに円筒領域に含まれる電荷は,境界面上にある電荷のみとなる.境界面上の単位面積あたりの電荷密度を σ とすると次式を得る.

$$\lim_{\Delta h \to 0}\{[円筒領域に含まれる電荷の総数]\} = [境界面上にある電荷]$$
$$= \sigma \Delta S \tag{4.25}$$

ガウスの法則より,式 (4.24) = 式 (4.25) であるので,次式が得られる.

$$\mathbf{n} \cdot (\boldsymbol{D}_1 - \boldsymbol{D}_2)\,\Delta S = \sigma \Delta S$$

これより,電束密度の境界条件が得られる.

電束密度の境界条件

$$\mathbf{n} \cdot (\boldsymbol{D}_1 - \boldsymbol{D}_2) = \sigma \tag{4.26}$$

この条件から境界面付近の電束密度の様子を知ることができる.よく利用される境界条件を以下に紹介しておこう.

(1) 両媒質に電荷が存在しない場合

電荷が存在しない場合は $\sigma = 0$ であるので,これを式 (4.26) に適用すると,次のような境界条件が得られる.

$$\mathbf{n} \cdot (\boldsymbol{D}_1 - \boldsymbol{D}_2) = 0$$
$$\therefore\ \boldsymbol{D}_1 \cdot \mathbf{n} = \boldsymbol{D}_2 \cdot \mathbf{n} \tag{4.27}$$

これは電束密度の法線方向成分は境界面の両側で等しい,つまり電束密度の法線方向成分は境界面上で連続であることを示している.

50　第 4 章　電磁波の境界条件

(2) 完全導体との境界面

図 4.6 において，媒質 #2 が完全導体である場合，完全導体内部には電磁界は存在しないため $D_2 = 0$ となる．これを式 (4.26) に適用すると，次のような境界条件が得られる．

$$D_1 \cdot \mathbf{n} = \sigma \tag{4.28}$$

これは，境界面（完全導体表面）上の電束密度の法線方向成分が境界面上の電荷密度に等しいことを示している．

4.3.2　磁束密度の境界条件

磁束密度の境界条件は，電束密度の境界条件の場合とほぼ同様の手順で得ることができる．すなわち，電束密度の場合と同様に図 4.7 のような円筒領域を考えて，ここに磁界に関するガウスの法則を適用すればよい．磁束はある源から新たに生まれるようなものではないため，円筒領域内部で発生する磁束はない．すなわち，円筒領域に入る磁束と出る磁束は等しく，[入る磁束] = −[出る磁束] と考えると円筒領域から出る磁束の総数は 0 である．したがって円筒領域の磁束は次のようになる．

$$[円筒領域から出る磁束の総数] = 0$$

これより磁束密度の境界条件が得られる．

この領域周辺に磁界が存在するとき，円筒領域から出る磁束の総数は円筒領域の上面および下面の面積を ΔS，円筒の高さを Δh とすると，

$$[上面から出る磁束] + [下面から出る磁束] + [側面から出る磁束]$$

となる．媒質 #1, #2 の磁束密度をそれぞれ B_1, B_2 とおくと，上面，下面から出る磁束は次式のように表現できる．

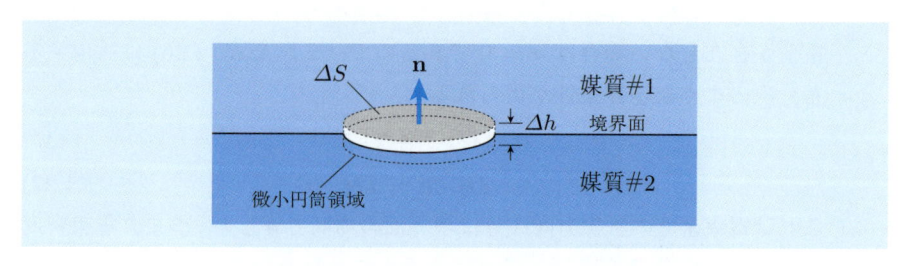

図 4.7　境界面をまたぐ微小円筒領域

4.3 電束密度，磁束密度の境界条件

$$[\text{上面から出る磁束}] = \int_{\text{上面}} \boldsymbol{B}_1 \cdot \mathbf{n}\, ds$$

$$[\text{下面から出る磁束}] = \int_{\text{下面}} -\boldsymbol{B}_2 \cdot \mathbf{n}\, ds$$

微小領域であるので上面および下面の磁束密度は一定と考えると

$$[\text{上面から出る磁束}] = (\boldsymbol{B}_1 \cdot \mathbf{n})\, \Delta S \tag{4.29}$$

$$[\text{下面から出る磁束}] = (-\boldsymbol{B}_2 \cdot \mathbf{n})\, \Delta S \tag{4.30}$$

となる．上面，下面から出る磁束は円筒領域の高さ Δh に係わらず式 (4.29)，(4.30) となる．一方，側面の面積は $\Delta h \to 0$ とすると 0 に近付くため，側面から出る磁束は 0 となり，

$$\lim_{\Delta h \to 0} [\text{側面から出る磁束}] = 0 \tag{4.31}$$

結局，$\Delta h \to 0$ としたときに微小円筒領域から出る全磁束は，式 (4.29)，(4.30)，(4.31) を加えたものとなる．

$$\lim_{\Delta h \to 0} \{[\text{円筒領域から出る磁束の総数}]\}$$
$$= \lim_{\Delta h \to 0} \{[\text{上面から出る磁束}] + [\text{下面から出る磁束}] + [\text{側面から出る磁束}]\}$$
$$= (\boldsymbol{B}_1 \cdot \mathbf{n})\, \Delta S + (-\boldsymbol{B}_2 \cdot \mathbf{n})\, \Delta S + 0$$
$$= \mathbf{n} \cdot (\boldsymbol{B}_1 - \boldsymbol{B}_2)\, \Delta S$$

磁界に関するガウスの法則によると，これが 0 となる．

$$\mathbf{n} \cdot (\boldsymbol{B}_1 - \boldsymbol{B}_2)\, \Delta S = 0$$

これより磁束密度の境界条件が得られる．

磁束密度の境界条件

$$\mathbf{n} \cdot (\boldsymbol{B}_1 - \boldsymbol{B}_2) = 0 \tag{4.32}$$

● **境界条件の独立性** ●

マクスウェルの電磁方程式を見てもわかるように，電磁界を構成する電界，磁界はそれぞれ独立ではない．これまで，電磁界に関する 4 つの境界条件を別個に導いたが，これらも各々独立しているわけではない．電界，磁界の境界条件（式 (4.8)，(4.16)）を満足すれば，電束密度，磁束密度の境界条件（式 (4.26)，(4.32)）は満たされる関係にある．演習問題として用意したので，取り組んでもらいたい．

4章の問題

☐ **4.1** ファラデーの電磁誘導則を用いて，電界の境界条件から磁束密度の境界条件を導出せよ．

第5章

平面波の反射・透過

　空間を伝搬する電磁波は，位置によって電磁界の位相が異なるため直交座標系の場合は位置 (x, y, z) の関数であり，また時間 t の関数でもある．さらに，任意の方向に伝搬する電磁波は電界，磁界についてそれぞれ x, y, z の3成分を有する．これらすべてを考慮することは非常に煩雑である．ここでは，シンプルな形態の電磁波である平面波を用いて，電磁波の基本的性質を明らかにしていく．

5.1 平面波の方程式

電磁波を構成する電界,磁界の方向は互いに直交しており,またそれらと電磁波の伝搬方向が直交していることを 3.5 節で示した.

任意の方向に伝搬する電磁波を考えた場合,電界,磁界がともに x, y, z 成分をもつことになり,変数が増えて取り扱いが面倒になる.ここではできるだけ簡単なモデルで考えることにし,電磁波を z の正の向きに伝搬させることにしよう.電磁界の方向は伝搬方向に対して直交するので,このモデルにおいて電界,磁界はいずれも z 軸に対して横断面方向,すなわち x-y 平面に平行な面内にあることになる.ここで,さらに話を簡単にするため,電界 $\boldsymbol{E}$ が x 方向に振動していることにしよう.このとき,電界は x 成分 E_x のみであるから

$$E_x \neq 0$$

$$E_y = E_z = 0$$

となる.伝搬方向と電界の方向が決まれば,3.5 節で示したとおり,磁界の方向も自動的に決まる.つまり,磁界の向きは電界と直交しているので,磁界 $\boldsymbol{H}$ は自動的に y 方向に振動していることになり,磁界は y 成分 H_y のみとなる.

$$H_y \neq 0$$

$$H_x = H_z = 0$$

図 5.1 はある瞬間における電界,磁界,伝搬の向きを示したものである.例えば,z の正の向きに伝搬している電磁界が正弦波状に振動している場合,ある半周期で電界が x の正の向きであるとすると(図 5.1(a)),次の半周期では

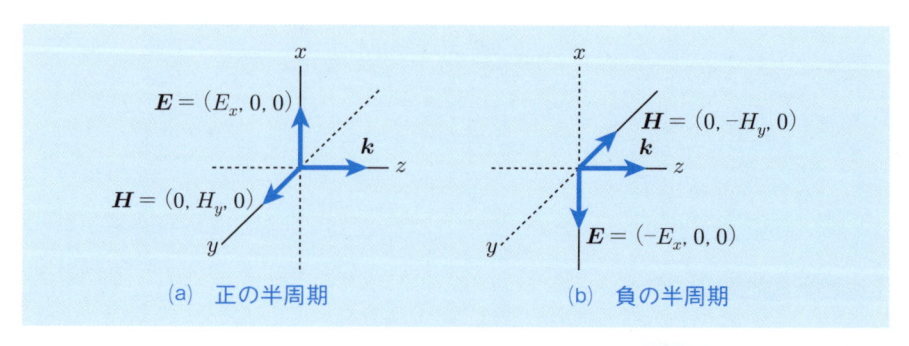

(a) 正の半周期 (b) 負の半周期

図 5.1　電界,磁界の向きと伝搬方向の関係

5.1 平面波の方程式

x の負の向きとなる（図 5.1(b)）．このときは，磁界も y の負の向きとなる．

さらに，この電磁波を構成する電界と磁界は，x-y 平面に平行な面内で，どこでも振幅，位相ともに一定（つまり平面波）であるとしよう．このとき x-y 平面に平行な面上で無限にかつ均一に広がった電磁界が z の正の向きに伝搬していることになる．このとき，電界，磁界はともに x 方向および y 方向に対しては不変であるので，

$$\frac{\partial E_x}{\partial x} = \frac{\partial E_x}{\partial y} = 0$$

$$\frac{\partial H_y}{\partial x} = \frac{\partial H_y}{\partial y} = 0$$

となる．ここで，電磁界は正弦波状に振動しているものとすると，上式は以下のように複素ベクトル表示できる．

$$\frac{\partial \dot{E}_x}{\partial x} = \frac{\partial \dot{E}_x}{\partial y} = 0$$

$$\frac{\partial \dot{H}_y}{\partial x} = \frac{\partial \dot{H}_y}{\partial y} = 0$$

これをマクスウェルの電磁方程式 (2.20), (2.21) に適用することにより，正弦波状に変化する平面波の電磁界の方程式を得ることができる．

$$\nabla \times \dot{\boldsymbol{E}} = -j\omega\mu \dot{\boldsymbol{H}} \qquad (2.20) \text{ 再掲}$$

$$\nabla \times \dot{\boldsymbol{H}} = (\sigma + j\omega\varepsilon) \dot{\boldsymbol{E}} \qquad (2.21) \text{ 再掲}$$

まず，ファラデーの電磁誘導則の複素ベクトル表示式 (2.20) に代入してみよう．

$$[\text{式 (2.20) 左辺}] = \nabla \times \dot{\boldsymbol{E}}$$

$$= \mathbf{e}_x \left(\frac{\partial \dot{E}_z}{\partial y} - \frac{\partial \dot{E}_y}{\partial z} \right) + \mathbf{e}_y \left(\frac{\partial \dot{E}_x}{\partial z} - \frac{\partial \dot{E}_z}{\partial x} \right)$$

$$+ \mathbf{e}_z \left(\frac{\partial \dot{E}_y}{\partial x} - \frac{\partial \dot{E}_x}{\partial y} \right)$$

$$= \mathbf{e}_y \frac{\partial \dot{E}_x}{\partial z}$$

$$[\text{式 (2.20) 右辺}] = -j\omega\mu \dot{\boldsymbol{H}}$$

$$= -j\omega\mu \left(\mathbf{e}_y \dot{H}_y \right) = -\mathbf{e}_y j\omega\mu \dot{H}_y$$

左辺 = 右辺 より

$$\mathbf{e}_y \frac{\partial \dot{E}_x}{\partial z} = -\mathbf{e}_y j\omega\mu \dot{H}_y$$

$$\therefore \quad \frac{\partial \dot{E}_x}{\partial z} = -j\omega\mu \dot{H}_y \tag{5.1}$$

同様に，アンペア–マクスウェルの法則の複素ベクトル表示である式 (2.21) に代入してみよう．

$$[\text{式 (2.21) 左辺}] = \nabla \times \dot{\boldsymbol{H}}$$

$$= \mathbf{e}_x \left(\frac{\partial \dot{H}_z}{\partial y} - \frac{\partial \dot{H}_y}{\partial z} \right) + \mathbf{e}_y \left(\frac{\partial \dot{H}_x}{\partial z} - \frac{\partial \dot{H}_z}{\partial x} \right)$$

$$+ \mathbf{e}_z \left(\frac{\partial \dot{H}_y}{\partial x} - \frac{\partial \dot{H}_x}{\partial y} \right)$$

$$= -\mathbf{e}_x \frac{\partial \dot{H}_y}{\partial z}$$

$$[\text{式 (2.21) 右辺}] = (\sigma + j\omega\varepsilon)\dot{\boldsymbol{E}}$$

$$= (\sigma + j\omega\varepsilon)\left(\mathbf{e}_x \dot{E}_x + \mathbf{e}_y \dot{E}_y + \mathbf{e}_z \dot{E}_z \right) = \mathbf{e}_x (\sigma + j\omega\varepsilon)\dot{E}_x$$

左辺 = 右辺 より

$$-\mathbf{e}_x \frac{\partial \dot{H}_y}{\partial z} = \mathbf{e}_x (\sigma + j\omega\varepsilon)\dot{E}_x$$

$$\therefore \quad \frac{\partial \dot{H}_y}{\partial z} = -(\sigma + j\omega\varepsilon)\dot{E}_x \tag{5.2}$$

式 (5.1)，(5.2) が，正弦波状に時間変化する平面波の電磁界の方程式（複素ベクトル表示）である．

5.2　入射波と反射波

前節の式 (5.1) より次式を得る.

$$\dot{H}_y = -\frac{1}{j\omega\mu}\frac{\partial \dot{E}_x}{\partial z} \tag{5.3}$$

これを式 (5.2) 左辺に代入すると

$$-\frac{1}{j\omega\mu}\frac{\partial^2 \dot{E}_x}{\partial z^2} = -(\sigma + j\omega\varepsilon)\,\dot{E}_x$$

$$\frac{\partial^2 \dot{E}_x}{\partial z^2} = j\omega\mu(\sigma + j\omega\varepsilon)\,\dot{E}_x$$

ここで

$$\dot{\gamma} = \sqrt{j\omega\mu(\sigma + j\omega\varepsilon)} \tag{5.4}$$

とおくと，次式を得る.

$$\frac{\partial^2 \dot{E}_x}{\partial z^2} = \dot{\gamma}^2 \dot{E}_x$$

ここで $\dot{\gamma}$ は**伝搬定数**と呼ばれるもので，詳しくは次節で述べる．上の偏微分方程式を $\dot{E}_x$ について解くと次式が得られる．

$$\dot{E}_x = \dot{A}e^{-\dot{\gamma}z} + \dot{B}e^{\dot{\gamma}z} \tag{5.5}$$

ここで $\dot{A}$, $\dot{B}$ は任意定数である．これを式 (5.3) に代入すると

$$\dot{H}_y = -\frac{1}{j\omega\mu}\frac{\partial}{\partial z}\left(\dot{A}e^{-\dot{\gamma}z} + \dot{B}e^{\dot{\gamma}z}\right) = -\frac{-\dot{\gamma}}{j\omega\mu}\left(\dot{A}e^{-\dot{\gamma}z} - \dot{B}e^{\dot{\gamma}z}\right)$$

$$\therefore\quad \dot{H}_y = \frac{\dot{\gamma}}{j\omega\mu}\dot{A}e^{-\dot{\gamma}z} - \frac{\dot{\gamma}}{j\omega\mu}\dot{B}e^{\dot{\gamma}z} \tag{5.6}$$

式 (5.5), (5.6) は，それぞれ平面波電磁界の電界および磁界を表している．これらはいずれも右辺第 1 項が z の正の向きに，第 2 項が z の負の向きに伝搬する波であることを示しており，前者を**入射波**，後者を**反射波**と呼ぶことにする．式 (5.5), (5.6) は，電界，磁界がいずれも入射波と反射波の重ね合わせであることを示している．

5.3 伝搬定数

前節で定義した**伝搬定数** $\dot{\gamma}$ の実数部,虚数部をそれぞれ α, β とおく.
$$\dot{\gamma} = \alpha + j\beta \tag{5.7}$$
この α, β は,それぞれ大変重要な意味を持つので,以下で詳しく調べてみよう.

α のもつ意味　式 (5.7) を平面波電磁界の式 (5.5),(5.6) に代入してみると,次式を得る.

$$\dot{E}_x = \dot{A}e^{-(\alpha+j\beta)z} + \dot{B}e^{(\alpha+j\beta)z} = \dot{A}e^{-\alpha z}e^{-j\beta z} + \dot{B}e^{\alpha z}e^{j\beta z}$$
$$\dot{H}_y = \frac{\alpha+j\beta}{j\omega\mu}\dot{A}e^{-(\alpha+j\beta)z} - \frac{\alpha+j\beta}{j\omega\mu}\dot{B}e^{(\alpha+j\beta)z}$$
$$= \frac{\alpha+j\beta}{j\omega\mu}\dot{A}e^{-\alpha z}e^{-j\beta z} - \frac{\alpha+j\beta}{j\omega\mu}\dot{B}e^{\alpha z}e^{j\beta z}$$

ここで,$\dot{E}_x$, $\dot{H}_y$ の第 1 項(z の正の向きに伝搬する入射波)に注目してみよう.第 1 項には $e^{-\alpha z}$ が含まれているため,z が大きくなるほど,その振幅は小さくなる.つまり α は入射波の減衰に寄与していることになる.このことは,電磁波が減衰しないような媒質(無損失媒質)中を伝搬している場合を考えればわかりやすい.無損失媒質はその導電率 σ が 0 であるから,式 (5.4) より次式が得られる.

$$\dot{\gamma} = j\omega\sqrt{\varepsilon\mu} = j\beta \quad (\text{無損失媒質})$$

つまり無損失媒質の伝搬定数 $\dot{\gamma}$ は,その実数部 α が 0 となる.以上のことから,α は電磁波が伝搬する際の減衰に寄与する成分として**減衰定数**と呼ばれる.

β のもつ意味　次に虚数部 β について調べてみよう.電磁波が無損失媒質中を伝搬するとき,$\dot{\gamma} = j\omega\sqrt{\varepsilon\mu} = j\beta$ であることから $\beta = \omega\sqrt{\varepsilon\mu}$ となる.3.1.3 項で学んだとおり,電磁波の伝搬速度 v は

$$v = \frac{1}{\sqrt{\varepsilon\mu}} \tag{3.7 再掲}$$

であるから

$$\beta = \frac{\omega}{v} = \frac{2\pi f}{v} = \frac{2\pi}{\lambda}$$

となる.また 3.2 節で学んだように,波数 k は

$$k = \frac{2\pi}{\lambda} \tag{3.19 再掲}$$

であることから,β は波数 k と同様に,単位長さあたりの位相の変化を表している.このことから β は**位相定数**と呼ばれる.

5.4 固有インピーダンス

電磁波が媒質中をある向きに伝搬するとき，電磁波の電界と磁界の比をその媒質のもつ**固有インピーダンス**という．5.2 節で，z 方向に伝搬する平面波電磁界の方程式を導出した．

$$\dot{E}_x = \dot{A}e^{-\dot{\gamma}z} + \dot{B}e^{\dot{\gamma}z} \qquad (5.5) \ 再掲$$

$$\dot{H}_y = \frac{\dot{\gamma}}{j\omega\mu}\dot{A}e^{-\dot{\gamma}z} - \frac{\dot{\gamma}}{j\omega\mu}\dot{B}e^{\dot{\gamma}z} \qquad (5.6) \ 再掲$$

ここで，z の正の向きに伝搬する電界，磁界（つまり，式 (5.5), (5.6) 右辺の第 1 項）を用いて，固有インピーダンスを求めてみよう．電界の入射波成分と磁界の入射波成分の比から，固有インピーダンス $\dot{Z}_0$ が得られる．

$$\begin{aligned}\dot{Z}_0 &= \frac{z\,の正の向きに伝搬する電界}{z\,の正の向きに伝搬する磁界} \\ &= \frac{\dot{A}e^{-\dot{\gamma}z}}{\frac{\dot{\gamma}}{j\omega\mu}\dot{A}e^{-\dot{\gamma}z}} \\ &= \frac{j\omega\mu}{\dot{\gamma}}\end{aligned}$$

ここで式 (5.4) の $\dot{\gamma} = \sqrt{j\omega\mu(\sigma + j\omega\varepsilon)}$ を代入すると，固有インピーダンスは次式のように表現できる．

固有インピーダンス

$$\dot{Z}_0 = \frac{j\omega\mu}{\sqrt{j\omega\mu(\sigma + j\omega\varepsilon)}} = \sqrt{\frac{j\omega\mu}{\sigma + j\omega\varepsilon}} \ [\Omega] \qquad (5.8)$$

無損失媒質の場合は $\sigma = 0$ となり，次式となる．

固有インピーダンス（無損失媒質の場合）

$$\dot{Z}_0 = \sqrt{\frac{j\omega\mu}{j\omega\varepsilon}} = \sqrt{\frac{\mu}{\varepsilon}} \ [\Omega] \qquad (5.9)$$

また，媒質が真空なら $\varepsilon = \varepsilon_0$ （真空誘電率），$\mu = \mu_0$ （真空透磁率）であるので，固有インピーダンスは次のようになる．

固有インピーダンス（真空の場合）

$$\dot{Z}_0 = \sqrt{\frac{\mu_0}{\varepsilon_0}} = \sqrt{\frac{4\pi \times 10^{-7}}{8.854 \times 10^{-12}}} \approx 377 \approx 120\pi \ [\Omega] \tag{5.10}$$

■ **例題 5.1** ■

比誘電率 $\varepsilon_r = 9$ の誘電体媒質（導電率 $\sigma = 0$，比透磁率 $\mu_r = 1$）の固有インピーダンスを求めよ．またこの媒質中を周波数 $3\,\text{GHz}$ の電磁波が伝搬するとき，伝搬方向に対する単位長さあたりの位相の変化を求めよ．なお，真空の固有インピーダンスは $120\pi\ [\Omega]$，真空中の電磁波の伝搬速度は $3 \times 10^8\,\text{m/s}$ とする．

【解答】 固有インピーダンス $\dot{Z}_0$ は次式で与えられる．

$$\dot{Z}_0 = \sqrt{\frac{\mu}{\varepsilon}} = \sqrt{\frac{\mu_0 \mu_r}{\varepsilon_0 \varepsilon_r}} = \sqrt{\frac{\mu_r}{\varepsilon_r}} \times 120\pi$$

$\varepsilon_r = 9$，$\mu_r = 1$ を代入して

$$\therefore \dot{Z}_0 = \sqrt{\frac{1}{9}} \times 120\pi = 40\pi\ [\Omega]$$

一方，単位長さあたりの位相の変化は位相定数 β によって得られる．

$$\beta = \omega\sqrt{\varepsilon\mu} = \omega\sqrt{\varepsilon_0 \varepsilon_r \mu_0 \mu_r} = \omega\sqrt{\varepsilon_r \mu_r}\sqrt{\varepsilon_0 \mu_0} = \frac{2\pi f \sqrt{\varepsilon_r \mu_r}}{v_0}$$

ここで f は周波数，v_0 は真空中の電磁波の伝搬速度 $1/\sqrt{\varepsilon_0 \mu_0}$ である．$f = 3 \times 10^9$，$v_0 = 3 \times 10^8$ を代入して

$$\therefore \beta = \frac{2\pi \times (3 \times 10^9) \times \sqrt{1 \times 9}}{3 \times 10^8} = 60\pi\ [\text{rad/m}]$$

5.5 平面波の反射と透過

平面波が異なる媒質との境界面に入射すると，一部は境界面で反射し，一部は境界を透過していく．この様子は，境界面に対する平面波の入射の仕方によって異なる．先に求めた電磁波の境界条件を用いて，境界面における平面波の反射，透過の様子を調べてみよう．

5.5.1 境界面への垂直入射

図 5.2 のような，x 軸，y 軸を含む平面で接している 2 つの異なる媒質#1，#2 を考えよう．媒質#1，#2 はともに x，y 方向に無限に広がっており，媒質#1 は z の負の向きに，媒質#2 は z の正の向きに，無限に広がっているものとする．ここで，媒質#1，#2 の誘電率，透磁率をそれぞれ ε_1，μ_1 および ε_2，μ_2 とし，いずれも無損失媒質（$\sigma_1 = \sigma_2 = 0$）であるとする．

このような媒質に，電磁波を図 5.2 の左側（媒質#1 側）から境界面に向かって垂直に（z の正の向きに）伝搬させてみる．できるだけわかりやすくするために，電界は x 方向に振動している，つまり x 成分 $\dot{E}_x$ のみとする．電界と磁界と伝搬方向は互いに直交しているので，磁界は y 成分（紙面に対して垂直方向の成分）$\dot{H}_y$ のみとなる．このときの各媒質内の電磁界を求めてみよう．なおここでは，電磁波が正弦波状に振動するものとし，複素ベクトル表示された電界，磁界を用いることにする．

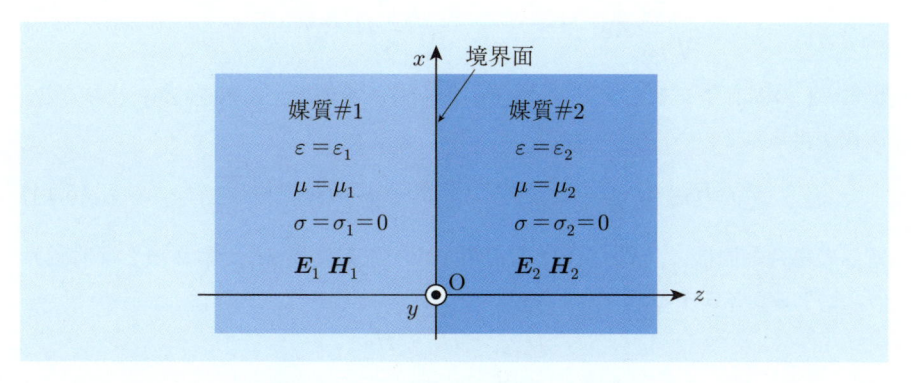

図 5.2 2 つの異なる媒質とその境界

媒質 #1 内の電磁界

媒質#1 側の電界 $\dot{\boldsymbol{E}}_1$ は x 成分 $\dot{E}_{1x}$ のみであり,式 (5.5) から次のように書ける.

$$\dot{E}_{1x} = \dot{A}e^{-\dot{\gamma}_1 z} + \dot{B}e^{\dot{\gamma}_1 z}$$

ここで $\dot{\gamma}_1 = \sqrt{-\omega^2 \varepsilon_1 \mu_1 + j\omega\mu_1\sigma_1} = j\omega\sqrt{\varepsilon_1\mu_1}$ であるので,

$$\dot{E}_{1x} = \dot{A}e^{-j\omega\sqrt{\varepsilon_1\mu_1}\,z} + \dot{B}e^{j\omega\sqrt{\varepsilon_1\mu_1}\,z} \tag{5.11}$$

式 (5.11) 右辺の第 1 項,第 2 項はそれぞれ z の正および負の向きに伝搬する成分である.媒質#1 において z の正の向きに伝搬する電界は境界面に向かう成分であることから,第 1 項を入射電界 $\dot{E}_i$ と呼ぶことにする.これに対し,負の向きに伝搬する電界を反射電界 $\dot{E}_r$ と呼ぶことにしよう.

$$\dot{E}_{1x} = \dot{E}_i + \dot{E}_r$$
$$\dot{E}_i = \dot{A}e^{-j\omega\sqrt{\varepsilon_1\mu_1}\,z} \tag{5.12}$$
$$\dot{E}_r = \dot{B}e^{j\omega\sqrt{\varepsilon_1\mu_1}\,z} \tag{5.13}$$

一方,媒質#1 の磁界 $\dot{\boldsymbol{H}}_1$ は y 成分 $\dot{H}_{1y}$ のみであり,式 (5.6) より

$$\dot{H}_{1y} = \frac{\dot{\gamma}_1}{j\omega\mu_1}\dot{A}e^{-\dot{\gamma}_1 z} - \frac{\dot{\gamma}_1}{j\omega\mu_1}\dot{B}e^{\dot{\gamma}_1 z}$$

となるが,$\dot{\gamma}_1 = j\omega\sqrt{\varepsilon_1\mu_1}$ であるので,

$$\dot{H}_{1y} = \frac{j\omega\sqrt{\varepsilon_1\mu_1}}{j\omega\mu_1}\dot{A}e^{-j\omega\sqrt{\varepsilon_1\mu_1}\,z} - \frac{j\omega\sqrt{\varepsilon_1\mu_1}}{j\omega\mu_1}\dot{B}e^{j\omega\sqrt{\varepsilon_1\mu_1}\,z}$$
$$= \sqrt{\frac{\varepsilon_1}{\mu_1}}\dot{A}e^{-j\omega\sqrt{\varepsilon_1\mu_1}\,z} - \sqrt{\frac{\varepsilon_1}{\mu_1}}\dot{B}e^{j\omega\sqrt{\varepsilon_1\mu_1}\,z}$$

媒質#1 の固有インピーダンスは $\sqrt{\mu_1/\varepsilon_1}$ であるので,これを $\dot{Z}_{01}$ とおくと,次式が得られる.

$$\dot{H}_{1y} = \frac{1}{\dot{Z}_{01}}\dot{A}e^{-j\omega\sqrt{\varepsilon_1\mu_1}\,z} - \frac{1}{\dot{Z}_{01}}\dot{B}e^{j\omega\sqrt{\varepsilon_1\mu_1}\,z} \tag{5.14}$$

電界の場合と同様に,式 (5.14) 右辺第 1 項を入射磁界 $\dot{H}_i$,第 2 項を反射磁界 $\dot{H}_r$ と呼ぶことにする.

$$\dot{H}_{1y} = \dot{H}_i + \dot{H}_r$$
$$\dot{H}_i = \frac{1}{\dot{Z}_{01}}\dot{A}e^{-j\omega\sqrt{\varepsilon_1\mu_1}\,z} \tag{5.15}$$

5.5 平面波の反射と透過

$$\dot{H}_r = -\frac{1}{\dot{Z}_{01}}\dot{B}e^{j\omega\sqrt{\varepsilon_1\mu_1}\,z} \tag{5.16}$$

以上で媒質#1内の電界，磁界がすべて出揃った．まとめると，次のようになる．

入射波成分 $\begin{cases} 入射電界 \quad \dot{E}_i = \dot{A}e^{-j\omega\sqrt{\varepsilon_1\mu_1}\,z} & 式 (5.12)\text{再掲} \\ 入射磁界 \quad \dot{H}_i = \dfrac{1}{\dot{Z}_{01}}\dot{A}e^{-j\omega\sqrt{\varepsilon_1\mu_1}\,z} & 式 (5.15)\text{再掲} \end{cases}$

反射波成分 $\begin{cases} 反射電界 \quad \dot{E}_r = \dot{B}e^{j\omega\sqrt{\varepsilon_1\mu_1}\,z} & 式 (5.13)\text{再掲} \\ 反射磁界 \quad \dot{H}_r = -\dfrac{1}{\dot{Z}_{01}}\dot{B}e^{j\omega\sqrt{\varepsilon_1\mu_1}\,z} & 式 (5.16)\text{再掲} \end{cases}$

媒質 #2 内の電磁界

次に，媒質#2内の電磁界を調べてみよう．媒質#1側からzの正の向きに入射した電磁波$\dot{E}_i$, $\dot{H}_i$が，媒質の境界面に到達すると，境界面で反射する成分と境界面を越えて媒質#2側へ入っていく成分が発生する．境界面を透過する電磁波を**透過波**と呼ぶことにし，透過電界，透過磁界をそれぞれ$\dot{\boldsymbol{E}}_t$, $\dot{\boldsymbol{H}}_t$と表すことにしよう．透過波は，入射波の一部が境界面を越えて媒質#2側に入ったものであるから，境界面を通過する際，第4章で述べた電磁界の境界条件を満足しなければならない．ここで，電界，磁界それぞれの境界条件を復習しておこう．第4章で学んだ電磁界の境界条件をまとめると，次のようになる．

$\begin{cases} \textbf{電界の境界条件} \quad 電界の接線成分は境界面において等しい \\ \textbf{磁界の境界条件} \quad 磁界の接線成分は境界面において等しい \end{cases}$

媒質#1側の電磁界は，先に述べたとおりその電界がx成分$\dot{E}_{1x}$のみ，磁界がy成分$\dot{H}_{1y}$のみであるから，電界，磁界ともに境界面に対して接線方向の成分である．これに上の境界条件を考慮すると，境界面付近の媒質#2側において，透過電界$\dot{\boldsymbol{E}}_t$はx成分$\dot{E}_{2x}$のみ，透過磁界$\dot{\boldsymbol{H}}_t$はy成分$\dot{H}_{2y}$のみとなり，これらが，媒質#2内を伝搬していくことになる．$\dot{E}_{2x}$, $\dot{H}_{2y}$は，媒質#1の場合と同様の手順で，以下のように得られる．

$$\dot{E}_{2x} = \dot{C}e^{-j\omega\sqrt{\varepsilon_2\mu_2}\,z} + \dot{D}e^{j\omega\sqrt{\varepsilon_2\mu_2}\,z}$$

$$\dot{H}_{2y} = \frac{1}{\dot{Z}_{02}}\dot{C}e^{-j\omega\sqrt{\varepsilon_2\mu_2}\,z} - \frac{1}{\dot{Z}_{02}}\dot{D}e^{j\omega\sqrt{\varepsilon_2\mu_2}\,z}$$

ここで $\dot{Z}_{02} = \sqrt{\mu_2/\varepsilon_2}$ は媒質#2の固有インピーダンスである．媒質#2は z の正の領域内で無限に広がっていると仮定しているから，媒質#2側に一旦入った電磁波は新たな境界面に遭遇することはない．つまり媒質#2内に境界面のような不連続な部分がないから，媒質#2内で反射波（zの負の向きに伝搬する電界，磁界）が発生することはないため，上式 $\dot{E}_{2x}$，$\dot{H}_{2y}$ 右辺の第2項の成分は存在しないことになる．

$$\dot{E}_{2x} = \dot{C}e^{-j\omega\sqrt{\varepsilon_2\mu_2}\,z} \tag{5.17}$$

$$\dot{H}_{2y} = \frac{1}{\dot{Z}_{02}}\dot{C}e^{-j\omega\sqrt{\varepsilon_2\mu_2}\,z} \tag{5.18}$$

これらが媒質#2電界，磁界である．上式の $\dot{E}_{2x}$，$\dot{H}_{2y}$ は透過波そのものであるから，それぞれ透過電界 $\dot{E}_t$，透過磁界 $\dot{H}_t$ と呼ぶことにしよう．

透過波成分
$$\begin{cases} \text{透過電界}\quad \dot{E}_t = \dot{C}e^{-j\omega\sqrt{\varepsilon_2\mu_2}\,z} & (5.19) \\ \text{透過磁界}\quad \dot{H}_t = \dfrac{1}{\dot{Z}_{02}}\dot{C}e^{-j\omega\sqrt{\varepsilon_2\mu_2}\,z} & (5.20) \end{cases}$$

以上で媒質#2内の電界，磁界が明らかとなった．

境界面での反射係数，透過係数

図 5.3 のように，媒質#1，#2 の電界，磁界がすべて出揃ったので，いよいよ境界面でどの程度反射するのか，また境界面をどの程度透過するのかを調べてみよう．

一般に，反射，透過の程度は**反射係数，透過係数**を用いて表現される．

$$\text{反射係数}\quad \dot{R} = \frac{\text{反射電界}}{\text{入射電界}} = \frac{\dot{E}_r}{\dot{E}_i}$$

$$\text{透過係数}\quad \dot{T} = \frac{\text{透過電界}}{\text{入射電界}} = \frac{\dot{E}_t}{\dot{E}_i}$$

境界面での反射係数，透過係数を得るために，まずは境界面における入射電界，反射電界，透過電界を求めよう．電磁界の境界条件を再掲する．

5.5 平面波の反射と透過

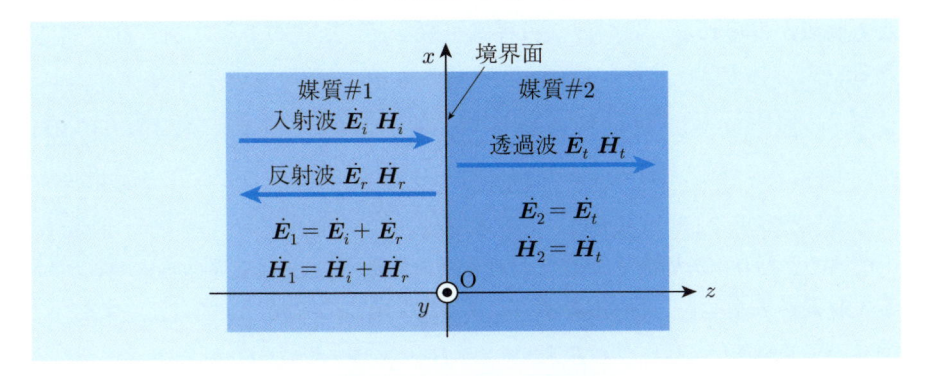

図 5.3 両媒質内の電磁界

$$\begin{cases} \text{電界の境界条件} \quad \text{電界の接線成分は境界面において等しい} \\ \text{磁界の境界条件} \quad \text{磁界の接線成分は境界面において等しい} \end{cases}$$

今，図 5.2 のように座標軸を設定しているので，境界面は $z=0$ の位置にある．したがって $z=0$ において上の境界条件を満足しなければならない．そこで，$z=0$ 付近の電磁界 $\dot{E}_{1x}$，$\dot{H}_{1y}$（媒質#1 側），$\dot{E}_{2x}$，$\dot{H}_{2y}$（媒質#2 側）に境界条件を適用すると，次のような関係が得られる．

$$\dot{E}_{1x}\big|_{z=0} = \dot{E}_{2x}\big|_{z=0}$$
$$\dot{H}_{1y}\big|_{z=0} = \dot{H}_{2y}\big|_{z=0}$$

ここで $\dot{E}_{1x}|_{z=0}$，$\dot{E}_{2x}|_{z=0}$，$\dot{H}_{1y}|_{z=0}$，$\dot{H}_{2y}|_{z=0}$ は式 (5.11)，(5.14)，(5.17)，(5.18) より，

$$\dot{E}_{1x}\big|_{z=0} = \dot{A} + \dot{B}$$
$$\dot{H}_{1y}\big|_{z=0} = \frac{1}{\dot{Z}_{01}}\left(\dot{A} - \dot{B}\right)$$
$$\dot{E}_{2x}\big|_{z=0} = \dot{C}$$
$$\dot{H}_{2y}\big|_{z=0} = \frac{\dot{C}}{\dot{Z}_{02}}$$

であるので，

$$\dot{A} + \dot{B} = \dot{C}$$
$$\frac{1}{\dot{Z}_{01}}\left(\dot{A} - \dot{B}\right) = \frac{\dot{C}}{\dot{Z}_{02}}$$

なる関係が得られる．この連立方程式を解くと，次式のように $\dot{A}$, $\dot{B}$ が得られる．

$$\dot{A} = \frac{\dot{Z}_{02} + \dot{Z}_{01}}{2\dot{Z}_{02}}\dot{C} \tag{5.21}$$

$$\dot{B} = \frac{\dot{Z}_{02} - \dot{Z}_{01}}{2\dot{Z}_{02}}\dot{C} \tag{5.22}$$

前述のとおり，境界面 $z = 0$ における反射係数 $\dot{R}|_{z=0}$ は境界面 $z = 0$ における入射電界 $\dot{E}_i|_{z=0}$ と反射電界 $\dot{E}_r|_{z=0}$ の比であるので

$$\dot{R}\Big|_{z=0} = \frac{\dot{E}_r|_{z=0}}{\dot{E}_i|_{z=0}} = \frac{\dot{B}e^{j\omega\sqrt{\varepsilon_1\mu_1}\,z}}{\dot{A}e^{-j\omega\sqrt{\varepsilon_1\mu_1}\,z}} = \frac{\dot{B}}{\dot{A}}$$

これに，式 (5.21), (5.22) を代入すると，境界面 $z = 0$ における反射係数 $\dot{R}|_{z=0}$ が得られる．

反射係数——電磁波が境界面に垂直に入射する場合

$$\dot{R}\Big|_{z=0} = \frac{\dot{B}}{\dot{A}} = \frac{\left(\frac{\dot{Z}_{02} - \dot{Z}_{01}}{2\dot{Z}_{02}}\dot{C}\right)}{\left(\frac{\dot{Z}_{02} + \dot{Z}_{01}}{2\dot{Z}_{02}}\dot{C}\right)} = \frac{\dot{Z}_{02} - \dot{Z}_{01}}{\dot{Z}_{02} + \dot{Z}_{01}} \tag{5.23}$$

これより，反射係数は両媒質の固有インピーダンスで決まることがわかる．

一方，境界面 $z = 0$ における透過係数 $\dot{T}|_{z=0}$ は境界面 $z = 0$ における入射電界 $\dot{E}_i|_{z=0}$ と透過電界 $\dot{E}_t|_{z=0}$ の比であるので

$$\dot{T}\Big|_{z=0} = \frac{\dot{E}_t|_{z=0}}{\dot{E}_i|_{z=0}} = \frac{\dot{C}e^{-j\omega\sqrt{\varepsilon_2\mu_2}\,z}}{\dot{A}e^{-j\omega\sqrt{\varepsilon_1\mu_1}\,z}} = \frac{\dot{C}}{\dot{A}}$$

これに，式 (5.21) を代入すると，境界面 $z = 0$ における透過係数が得られる．

透過係数——電磁波が境界面に垂直に入射する場合

$$\dot{T}\Big|_{z=0} = \frac{\dot{C}}{\dot{A}} = \frac{\dot{C}}{\left(\frac{\dot{Z}_{02} + \dot{Z}_{01}}{2\dot{Z}_{02}}\dot{C}\right)} = \frac{2\dot{Z}_{02}}{\dot{Z}_{01} + \dot{Z}_{02}} \tag{5.24}$$

透過係数も，両媒質の固有インピーダンスによって決まることがわかる．

5.5　平面波の反射と透過

> **■ 例題 5.2 ■**
>
> 図 5.2 において媒質#1 を空気，媒質#2 を比誘電率 $\varepsilon_r = 4$ の誘電体（導電率 $\sigma = 0$，比透磁率 $\mu_r = 1$）とし，媒質#1 側から両媒質の境界面に対して電磁波が垂直に入射するとき，境界面における反射係数，透過係数を求めよ．

【解答】 媒質# 1（空気層）の固有インピーダンス $\dot{Z}_{01}$ は

$$\dot{Z}_{01} = \sqrt{\frac{\mu_0}{\varepsilon_0}}$$

一方，媒質# 2（誘電体層）の固有インピーダンス $\dot{Z}_{02}$ は

$$\dot{Z}_{02} = \sqrt{\frac{\mu}{\varepsilon}} = \sqrt{\frac{\mu_0 \mu_r}{\varepsilon_0 \varepsilon_r}} = \sqrt{\frac{\mu_r}{\varepsilon_r}} \sqrt{\frac{\mu_0}{\varepsilon_0}} = \sqrt{\frac{\mu_r}{\varepsilon_r}} \dot{Z}_{01}$$

$\varepsilon_r = 4$, $\mu_r = 1$ を代入して，

$$\dot{Z}_{02} = \sqrt{\frac{1}{4}} \dot{Z}_{01} = \frac{\dot{Z}_{01}}{2}$$

反射係数 $\dot{R}$ は次式で与えられる．

$$\dot{R} = \frac{\dot{Z}_{02} - \dot{Z}_{01}}{\dot{Z}_{02} + \dot{Z}_{01}}$$

これに上で求めた $\dot{Z}_{02}$ を代入して，

$$\therefore \dot{R} = \frac{\frac{\dot{Z}_{01}}{2} - \dot{Z}_{01}}{\frac{\dot{Z}_{01}}{2} + \dot{Z}_{01}} = \frac{\frac{1}{2} - 1}{\frac{1}{2} + 1} = -\frac{1}{3}$$

一方，透過係数 $\dot{T}$ は次式で与えられる．

$$\dot{T} = \frac{2\dot{Z}_{02}}{\dot{Z}_{01} + \dot{Z}_{02}}$$

これに $\dot{Z}_{02}$ を代入して，

$$\therefore \dot{T} = \frac{2\left(\frac{\dot{Z}_{01}}{2}\right)}{\dot{Z}_{01} + \frac{\dot{Z}_{01}}{2}} = \frac{2}{3}$$

∎

5.5.2　境界面に斜入射する電磁波について

5.5.1 項では，境界面に対して垂直に電磁波が入射する場合を考えたが，ここではもう少し発展させて，境界面に対して斜め方向から入射（**斜入射**）する電磁波を考えてみよう．

5.5.1項で示したように，境界面に対して垂直に入射する電磁波は，電界，磁界ともに境界面に対して接線方向の成分のみを有している．このような電磁波を **TEM波**[†]という（図5.4(a)参照）．しかし，境界面に対して斜め方向から入射する場合，電界，磁界が共に接線方向成分のみとなることはありえない．例えば，図5.4(b)のように，境界面に対して任意の角度 θ, ϕ で斜めに入射する場合，入射電磁界は x, y, z の各成分を有することになる．

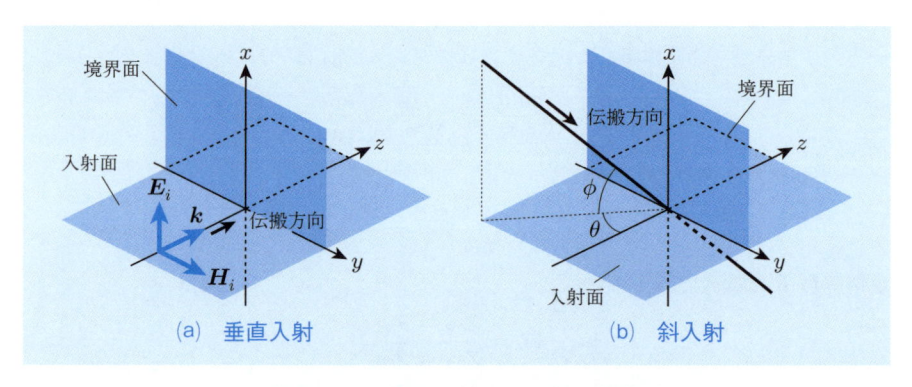

図5.4 境界面に対する入射の仕方

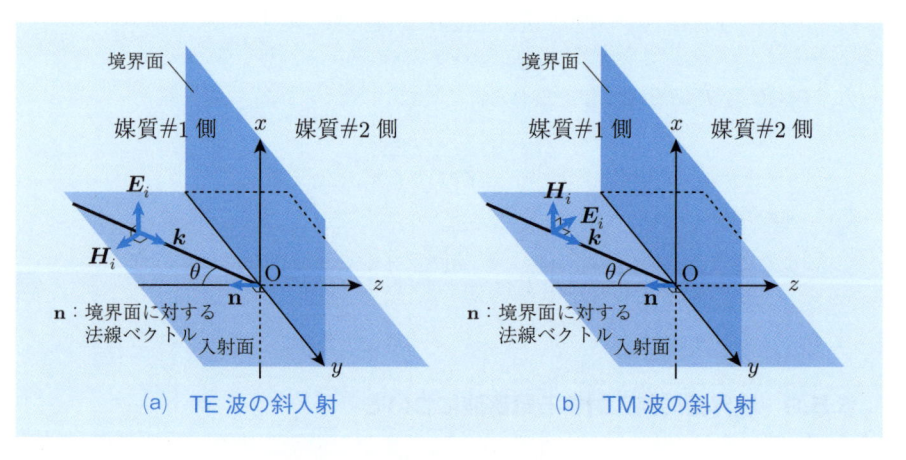

図5.5 2種類の斜入射パターン

[†]transverse electromagnetic wave

5.5 平面波の反射と透過

ここでは，理解を容易にするため，入射する電磁波の伝搬方向が y-z 平面に対して平行である場合（図 5.4(b) では $\phi = 0°$ である場合）に限定すると，図 5.5 に示す 2 つの入射パターンが考えられる．一つは図 5.5(a) のように，電磁波の伝搬方向を表している波数ベクトル $\boldsymbol{k}$ と，境界面に対する法線ベクトル $\mathbf{n}$ とを含む平面（これを**入射面**という）に対して電界が垂直方向である入射パターンであり，もう一つは図 5.5(b) のように，入射面に対して磁界が垂直方向となる場合である．前者の電磁界は，境界面に対してどのような角度 θ で入射しても電界は境界面に対して接線方向成分のみを有することになり，このような電磁波を **TE 波**[††] と呼ぶ．一方，後者は任意の θ に対して磁界が常に境界面に対して接線方向成分のみを有しており，**TM 波**[†††] という．次項では，境界面に TE 波，TM 波が入射した場合について考えてみる．

5.5.3 境界面への斜入射—TE 波の場合
入射波の導出

境界面に対して電磁波が斜入射する場合，電磁波の伝搬方向は z 軸方向ではない．そこで図 5.6 のように入射波の伝搬方向として新たに Y' 軸を設定しよう．ここで z 軸と Y' 軸とのなす角を**入射角** θ_i とする．Y' 軸は y-z 平面上で

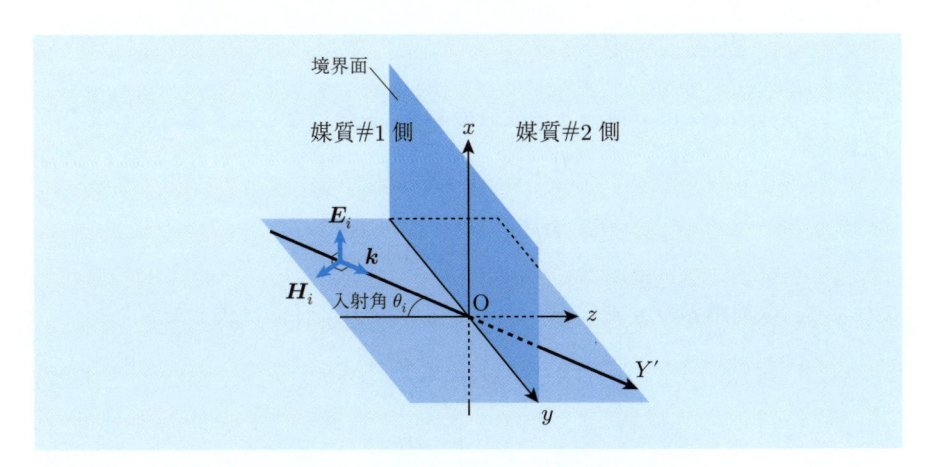

図 5.6　TE 波の斜入射（Y' 軸の設定）

[††]transverse electric wave
[†††]transverse magnetic wave

y 軸を $\pi/2 - \theta_i$ 回転させたものであるので,付録 A.1 の式 (A.2) を参照すると,Y' 軸上の位置は y, z 座標を用いて次式のように表現できる.

$$Y' = y\cos\left(\frac{\pi}{2} - \theta_i\right) + z\sin\left(\frac{\pi}{2} - \theta_i\right)$$

$$\therefore \quad Y' = y\sin\theta_i + z\cos\theta_i \tag{5.25}$$

今,入射波が TE 波であるので,入射電界 $\dot{\boldsymbol{E}}_i$ は x 成分 $\dot{E}_{ix}$ のみとなり,

$$\dot{\boldsymbol{E}}_i = \mathbf{e}_x \dot{E}_{ix}$$

ここで $\dot{E}_{ix}$ は Y' の正の向きに伝搬しているので,

$$\dot{E}_{ix} = \dot{A}e^{-j\omega\sqrt{\varepsilon_1\mu_1}\,Y'}$$

となるが,$Y' = y\sin\theta_i + z\cos\theta_i$ なる関係(式 (5.25))があるので,$\dot{E}_{ix}$ は y および z 座標を用いて次のように表現できる.

$$\dot{E}_{ix} = \dot{A}e^{-j\omega\sqrt{\varepsilon_1\mu_1}(y\sin\theta_i + z\cos\theta_i)} \tag{5.26}$$

ここで,入射電界 $\dot{\boldsymbol{E}}_i$ と入射磁界 $\dot{\boldsymbol{H}}_i$ との間には

$$\nabla \times \dot{\boldsymbol{E}}_i = -j\omega\mu_1 \dot{\boldsymbol{H}}_i$$

なる関係があるが,$\dot{\boldsymbol{E}}_i$ は x 成分 $\dot{E}_{ix}$ のみであるので,上式左辺は

$$\nabla \times \dot{\boldsymbol{E}}_i = \mathbf{e}_x\left(\frac{\partial \dot{E}_{iz}}{\partial y} - \frac{\partial \dot{E}_{iy}}{\partial z}\right) + \mathbf{e}_y\left(\frac{\partial \dot{E}_{ix}}{\partial z} - \frac{\partial \dot{E}_{iz}}{\partial x}\right) + \mathbf{e}_z\left(\frac{\partial \dot{E}_{iy}}{\partial x} - \frac{\partial \dot{E}_{ix}}{\partial y}\right)$$

$$= \mathbf{e}_y\frac{\partial \dot{E}_{ix}}{\partial z} - \mathbf{e}_z\frac{\partial \dot{E}_{ix}}{\partial y}$$

となり,右辺の $\dot{\boldsymbol{H}}_i$ は y 成分と z 成分のみ(x 成分はなし)となる.つまり

$$\frac{\partial \dot{E}_{ix}}{\partial z} = -j\omega\mu_1 \dot{H}_{iy}$$

$$-\frac{\partial \dot{E}_{ix}}{\partial y} = -j\omega\mu_1 \dot{H}_{iz}$$

これより,入射磁界の y 成分 $\dot{H}_{iy}$ および z 成分 $\dot{H}_{iz}$ は,次式となる.

$$\dot{H}_{iy} = -\frac{1}{j\omega\mu_1}\frac{\partial \dot{E}_{ix}}{\partial z} \tag{5.27}$$

$$\dot{H}_{iz} = \frac{1}{j\omega\mu_1}\frac{\partial \dot{E}_{ix}}{\partial y} \tag{5.28}$$

これらに式 (5.26) で求めた $\dot{E}_{ix}$ を代入して,入射磁界の各成分である $\dot{H}_{iy}$, $\dot{H}_{iz}$ を求めてみよう.まず,式 (5.27) に式 (5.26) で求めた $\dot{E}_{ix}$ を代入して,

5.5 平面波の反射と透過

$$\dot{H}_{iy} = -\frac{1}{j\omega\mu_1}\frac{\partial}{\partial z}\left\{\dot{A}e^{-j\omega\sqrt{\varepsilon_1\mu_1}(y\sin\theta_i+z\cos\theta_i)}\right\}$$

$$= -\dot{A}\frac{-j\omega\sqrt{\varepsilon_1\mu_1}\cos\theta_i}{j\omega\mu_1}e^{-j\omega\sqrt{\varepsilon_1\mu_1}(y\sin\theta_i+z\cos\theta_i)}$$

$$= \frac{\dot{A}\cos\theta_i}{\sqrt{\frac{\mu_1}{\varepsilon_1}}}e^{-j\omega\sqrt{\varepsilon_1\mu_1}(y\sin\theta_i+z\cos\theta_i)}$$

$$\therefore \quad \dot{H}_{iy} = \frac{\dot{A}\cos\theta_i}{\dot{Z}_{01}}e^{-j\omega\sqrt{\varepsilon_1\mu_1}(y\sin\theta_i+z\cos\theta_i)} \tag{5.29}$$

ここで $\dot{Z}_{01}$ は媒質#1 の固有インピーダンスであり $\dot{Z}_{01} = \sqrt{\mu_1/\varepsilon_1}$ である．一方，$\dot{H}_{iz}$ については式 (5.28) に式 (5.26) の $\dot{E}_{ix}$ を代入して

$$\dot{H}_{iz} = \frac{1}{j\omega\mu_1}\frac{\partial}{\partial y}\left\{\dot{A}e^{-j\omega\sqrt{\varepsilon_1\mu_1}(y\sin\theta_i+z\cos\theta_i)}\right\}$$

$$= \dot{A}\frac{-j\omega\sqrt{\varepsilon_1\mu_1}\sin\theta_i}{j\omega\mu_1}e^{-j\omega\sqrt{\varepsilon_1\mu_1}(y\sin\theta_i+z\cos\theta_i)}$$

$$= -\frac{\dot{A}\sin\theta_i}{\sqrt{\frac{\mu_1}{\varepsilon_1}}}e^{-j\omega\sqrt{\varepsilon_1\mu_1}(y\sin\theta_i+z\cos\theta_i)}$$

$$\therefore \quad \dot{H}_{iz} = -\frac{\dot{A}\sin\theta_i}{\dot{Z}_{01}}e^{-j\omega\sqrt{\varepsilon_1\mu_1}(y\sin\theta_i+z\cos\theta_i)} \tag{5.30}$$

以上で，入射波 $\dot{\boldsymbol{E}}_i$, $\dot{\boldsymbol{H}}_i$ の全成分が出揃った．以下にまとめておこう．

入射波成分 $\begin{cases} \dot{E}_{ix} = \dot{A}e^{-j\omega\sqrt{\varepsilon_1\mu_1}(y\sin\theta_i+z\cos\theta_i)} & \text{式 (5.26) 再掲} \\ \dot{H}_{iy} = \dfrac{\dot{A}\cos\theta_i}{\dot{Z}_{01}}e^{-j\omega\sqrt{\varepsilon_1\mu_1}(y\sin\theta_i+z\cos\theta_i)} & \text{式 (5.29) 再掲} \\ \dot{H}_{iz} = -\dfrac{\dot{A}\sin\theta_i}{\dot{Z}_{01}}e^{-j\omega\sqrt{\varepsilon_1\mu_1}(y\sin\theta_i+z\cos\theta_i)} & \text{式 (5.30) 再掲} \end{cases}$

反射波の導出

今，入射電界 $\dot{E}_{ix}$ を y の正の向きに伝搬する電界 $\dot{E}_{ix(y+)}$ と，z の正の向きに伝搬する電界 $\dot{E}_{ix(z+)}$ の合成と考えてみることにしよう．すると，$\dot{E}_{ix(y+)}$ なる成分は境界面に沿って変化なく伝搬していくが，$\dot{E}_{ix(z+)}$ は媒質#1 内で境界面に向かって垂直に伝搬する成分であるので境界面で反射することになる．ここで前項の垂直入射の場合で得た知識を利用すると，すなわち，境界面で反

射した後 z の負の向きに伝搬していくが，この反射電界は依然として x 成分のみである．結局，反射波は y の正の向きに伝搬する電界 $\dot{E}_{ix(y+)}$ と，z の負の向きに伝搬する電界 $\dot{E}_{ix(z-)}$ との合成，と考えることができる．つまり反射電界 $\dot{E}_r$ も x 成分 $\dot{E}_{rx}$ のみと考えられる．

$$\dot{E}_r = \mathbf{e}_x \dot{E}_{rx}$$

ここで図 5.7 のように，反射波の伝搬方向を Y'' 方向とし，新たな Y'' 軸を設定することにしよう．なお z 軸と Y'' 軸とのなす角 θ_r を**反射角**と呼ぶことにする．Y'' 軸は y-z 平面内で y 軸を $-(\pi/2 - \theta_r)$ 回転させたものと考えられるので，付録 A.1 の式 (A.2) を参照すると，Y'' 軸上の位置は y, z を用いて次のように表現することができる．

$$Y'' = y \cos\left\{-\left(\frac{\pi}{2} - \theta_r\right)\right\} + z \sin\left\{-\left(\frac{\pi}{2} - \theta_r\right)\right\}$$
$$\therefore \quad Y'' = y \sin\theta_r - z \cos\theta_r \tag{5.31}$$

反射電界 $\dot{E}_r$ は x 成分 $\dot{E}_{rx}$ のみであり，新たに設定した軸 Y'' の正の向きに伝搬しているので，次式のように表現できる．

$$\dot{E}_{rx} = \dot{B} e^{-j\omega\sqrt{\varepsilon_1\mu_1}\,Y''}$$

ここで式 (5.31) を代入すると，
$$\dot{E}_{rx} = \dot{B} e^{-j\omega\sqrt{\varepsilon_1\mu_1}(y\sin\theta_r - z\cos\theta_r)} \tag{5.32}$$

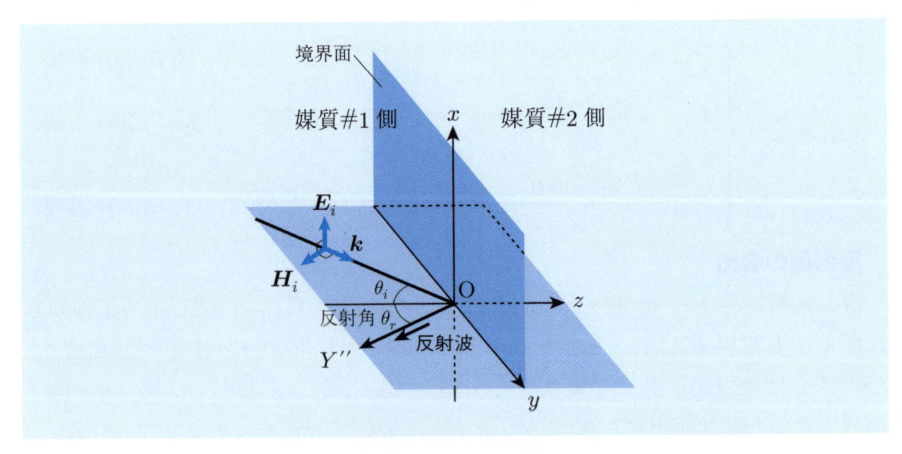

図 5.7　TE 波の斜入射に対する反射波（Y'' 軸の設定）

5.5 平面波の反射と透過

ここで，反射電界 $\dot{\boldsymbol{E}}_r$ と反射磁界 $\dot{\boldsymbol{H}}_r$ との間には

$$\nabla \times \dot{\boldsymbol{E}}_r = -j\omega\mu_1 \dot{\boldsymbol{H}}_r$$

なる関係があるが，$\dot{\boldsymbol{E}}_r$ は x 成分 $\dot{E}_{rx}$ のみであるので，上式左辺は

$$\nabla \times \dot{\boldsymbol{E}}_r = \boldsymbol{e}_x \left(\frac{\partial \dot{E}_{rz}}{\partial y} - \frac{\partial \dot{E}_{ry}}{\partial z} \right) + \boldsymbol{e}_y \left(\frac{\partial \dot{E}_{rx}}{\partial z} - \frac{\partial \dot{E}_{rz}}{\partial x} \right) + \boldsymbol{e}_z \left(\frac{\partial \dot{E}_{ry}}{\partial x} - \frac{\partial \dot{E}_{rx}}{\partial y} \right)$$

$$= \boldsymbol{e}_y \frac{\partial \dot{E}_{rx}}{\partial z} - \boldsymbol{e}_z \frac{\partial \dot{E}_{rx}}{\partial y}$$

となり，右辺の $\dot{\boldsymbol{H}}_r$ は y 成分と z 成分をもつことがわかる．つまり

$$\frac{\partial \dot{E}_{rx}}{\partial z} = -j\omega\mu_1 \dot{H}_{ry}$$

$$-\frac{\partial \dot{E}_{rx}}{\partial y} = -j\omega\mu_1 \dot{H}_{rz}$$

これより，反射磁界の y 成分 $\dot{H}_{iy}$ および z 成分 $\dot{H}_{iz}$ は，次式となる．

$$\dot{H}_{ry} = -\frac{1}{j\omega\mu_1} \frac{\partial \dot{E}_{rx}}{\partial z} \tag{5.33}$$

$$\dot{H}_{rz} = \frac{1}{j\omega\mu_1} \frac{\partial \dot{E}_{rx}}{\partial y} \tag{5.34}$$

これらに，式 (5.26) で求めた $\dot{E}_{rx}$ を代入して入射磁界の成分である $\dot{H}_{ry}$, $\dot{H}_{rz}$ を求めてみよう．まず，式 (5.33) に式 (5.32) で求めた $\dot{E}_{rx}$ を代入して，

$$\dot{H}_{ry} = -\frac{1}{j\omega\mu_1} \frac{\partial}{\partial z} \left\{ \dot{B} e^{-j\omega\sqrt{\varepsilon_1\mu_1}(y\sin\theta_r - z\cos\theta_r)} \right\}$$

$$= -\dot{B} \frac{j\omega\sqrt{\varepsilon_1\mu_1}\cos\theta_r}{j\omega\mu_1} e^{-j\omega\sqrt{\varepsilon_1\mu_1}(y\sin\theta_r - z\cos\theta_r)}$$

$$= -\frac{\dot{B}\cos\theta_r}{\sqrt{\frac{\mu_1}{\varepsilon_1}}} e^{-j\omega\sqrt{\varepsilon_1\mu_1}(y\sin\theta_r - z\cos\theta_r)}$$

$$\therefore \quad \dot{H}_{ry} = -\frac{\dot{B}\cos\theta_r}{\dot{Z}_{01}} e^{-j\omega\sqrt{\varepsilon_1\mu_1}(y\sin\theta_r - z\cos\theta_r)} \tag{5.35}$$

ここで $\dot{Z}_{01}$ は媒質#1 の固有インピーダンス（$\dot{Z}_{01} = \sqrt{\mu_1/\varepsilon_1}$）である．

一方，$\dot{H}_{rz}$ は式 (5.34) に式 (5.32) で求めた $\dot{E}_{rx}$ を代入して，

$$\dot{H}_{rz} = \frac{1}{j\omega\mu_1}\frac{\partial}{\partial y}\left\{\dot{B}e^{-j\omega\sqrt{\varepsilon_1\mu_1}(y\sin\theta_r - z\cos\theta_r)}\right\}$$

$$= \dot{B}\frac{-j\omega\sqrt{\varepsilon_1\mu_1}\sin\theta_r}{j\omega\mu_1}e^{-j\omega\sqrt{\varepsilon_1\mu_1}(y\sin\theta_r - z\cos\theta_r)}$$

$$= -\frac{\dot{B}\sin\theta_r}{\sqrt{\frac{\mu_1}{\varepsilon_1}}}e^{-j\omega\sqrt{\varepsilon_1\mu_1}(y\sin\theta_r - z\cos\theta_r)}$$

$$\therefore\quad \dot{H}_{rz} = -\frac{\dot{B}\sin\theta_r}{\dot{Z}_{01}}e^{-j\omega\sqrt{\varepsilon_1\mu_1}(y\sin\theta_r - z\cos\theta_r)} \tag{5.36}$$

以上で，反射波の全成分が出揃った．以下に再掲する．

反射波成分 $\begin{cases} \dot{E}_{rx} = \dot{B}e^{-j\omega\sqrt{\varepsilon_1\mu_1}(y\sin\theta_r - z\cos\theta_r)} & \text{式 (5.32) 再掲} \\ \dot{H}_{ry} = -\dfrac{\dot{B}\cos\theta_r}{\dot{Z}_{01}}e^{-j\omega\sqrt{\varepsilon_1\mu_1}(y\sin\theta_r - z\cos\theta_r)} & \text{式 (5.35) 再掲} \\ \dot{H}_{rz} = -\dfrac{\dot{B}\sin\theta_r}{\dot{Z}_{01}}e^{-j\omega\sqrt{\varepsilon_1\mu_1}(y\sin\theta_r - z\cos\theta_r)} & \text{式 (5.36) 再掲} \end{cases}$

透過波の導出

最後に透過波を求めよう．前述のとおり，入射電界 $\dot{E}_i$，反射電界 $\dot{E}_r$ がともに x 成分しかないため，電界の境界条件を考慮すると，透過電界 $\dot{E}_t$ も x 成分 $\dot{E}_{tx}$ のみとなる．

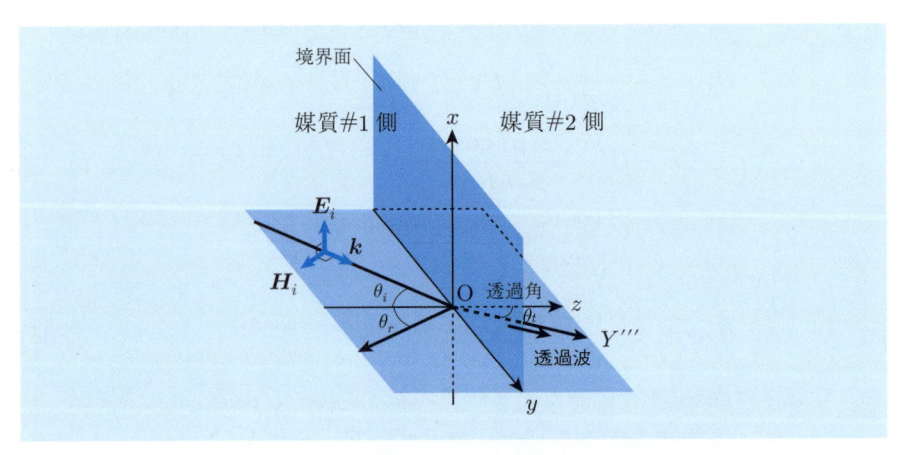

図 5.8　TE 波の斜入射に対する透過波（Y''' 軸の設定）

5.5 平面波の反射と透過

ここで,図 5.8 のように透過波の伝搬方向を Y''' 方向として新たな Y''' 軸を設定し,z 軸と Y''' 軸とのなす角 θ_t を**透過角**と呼ぶことにする.Y''' 軸は y-z 平面上で y 軸を $\pi/2 - \theta_t$ 回転させたものと考えられるので,付録 A.1 の式 (A.2) を参照すると,Y''' 軸上の位置は y, z を用いて次のように表現できる.

$$Y''' = y\cos\left(\frac{\pi}{2} - \theta_t\right) + z\sin\left(\frac{\pi}{2} - \theta_t\right)$$

$$\therefore \quad Y''' = y\sin\theta_t + z\cos\theta_t \tag{5.37}$$

$\dot{E}_{tx}$ は Y''' の正の向きに伝搬するので,入射波の場合と同様の手順で透過波のすべての成分を求めることができる.

透過波成分
$$\begin{cases} \dot{E}_{tx} = \dot{C}e^{-j\omega\sqrt{\varepsilon_2\mu_2}(y\sin\theta_t + z\cos\theta_t)} & (5.38) \\[6pt] \dot{H}_{ty} = \dfrac{\dot{C}\cos\theta_t}{\dot{Z}_{02}}e^{-j\omega\sqrt{\varepsilon_2\mu_2}(y\sin\theta_t + z\cos\theta_t)} & (5.39) \\[6pt] \dot{H}_{tz} = -\dfrac{\dot{C}\sin\theta_t}{\dot{Z}_{02}}e^{-j\omega\sqrt{\varepsilon_2\mu_2}(y\sin\theta_t + z\cos\theta_t)} & (5.40) \end{cases}$$

ここで $\dot{Z}_{02}$ は媒質#2 の固有インピーダンスであり $\sqrt{\mu_2/\varepsilon_2}$ である.

境界条件の適用

入射波,反射波,透過波のすべての電磁界の成分が出揃ったので,これらに境界条件を適用し,境界面における反射係数,透過係数を導出しよう.まず,電磁界の境界条件を再掲する.

$$\begin{cases} \text{**電界の境界条件**} \quad \text{電界の接線成分は境界面において等しい} \\ \text{**磁界の境界条件**} \quad \text{磁界の接線成分は境界面において等しい} \end{cases}$$

これより,以下の関係が得られる.

$$\dot{E}_{ix} + \dot{E}_{rx} = \dot{E}_{tx}, \qquad \dot{H}_{iy} + \dot{H}_{ry} = \dot{H}_{ty}$$

これらに式 (5.26), (5.29) で示した $\dot{E}_{ix}$, $\dot{H}_{iy}$,式 (5.32), (5.35) で示した $\dot{E}_{rx}$, $\dot{H}_{ry}$,式 (5.38), (5.39) で示した $\dot{E}_{tx}$, $\dot{H}_{ty}$ を代入すると次の 2 式を得る.

$$\dot{A}e^{-j\omega\sqrt{\varepsilon_1\mu_1}(y\sin\theta_i + z\cos\theta_i)} + \dot{B}e^{-j\omega\sqrt{\varepsilon_1\mu_1}(y\sin\theta_r - z\cos\theta_r)}$$
$$= \dot{C}e^{-j\omega\sqrt{\varepsilon_2\mu_2}(y\sin\theta_t + z\cos\theta_t)}$$

$$\frac{\dot{A}\cos\theta_i}{\dot{Z}_{01}}e^{-j\omega\sqrt{\varepsilon_1\mu_1}(y\sin\theta_i + z\cos\theta_i)} - \frac{\dot{B}\cos\theta_r}{\dot{Z}_{01}}e^{-j\omega\sqrt{\varepsilon_1\mu_1}(y\sin\theta_r - z\cos\theta_r)}$$
$$= \frac{\dot{C}\cos\theta_t}{\dot{Z}_{02}}e^{-j\omega\sqrt{\varepsilon_2\mu_2}(y\sin\theta_t + z\cos\theta_t)}$$

今，境界面を考えているので $z=0$ を代入すると次式が得られる．

$$\begin{cases} \dot{A}e^{-j\omega\sqrt{\varepsilon_1\mu_1}\cdot y\sin\theta_i} + \dot{B}e^{-j\omega\sqrt{\varepsilon_1\mu_1}\cdot y\sin\theta_r} = \dot{C}e^{-j\omega\sqrt{\varepsilon_2\mu_2}\cdot y\sin\theta_t} \\ \dfrac{\dot{A}\cos\theta_i}{\dot{Z}_{01}}e^{-j\omega\sqrt{\varepsilon_1\mu_1}\cdot y\sin\theta_i} - \dfrac{\dot{B}\cos\theta_r}{\dot{Z}_{01}}e^{-j\omega\sqrt{\varepsilon_1\mu_1}\cdot y\sin\theta_r} \\ \qquad\qquad\qquad\qquad = \dfrac{\dot{C}\cos\theta_t}{\dot{Z}_{02}}e^{-j\omega\sqrt{\varepsilon_2\mu_2}\cdot y\sin\theta_t} \end{cases} \tag{5.41}$$

式 (5.41) は境界面上のどの位置でも成立するはずである．つまり，任意の y に対して成立するから，y の関数であってはならない．これら 2 式の y を含む部分，すなわち各項の指数部分が等しいとき，2 式とも両辺の指数関数が相殺され，2 式とも y の関数でなくなる．すなわち，

$$-j\omega\sqrt{\varepsilon_1\mu_1}\cdot y\sin\theta_i = -j\omega\sqrt{\varepsilon_1\mu_1}\cdot y\sin\theta_r = -j\omega\sqrt{\varepsilon_2\mu_2}\cdot y\sin\theta_t$$

$$\therefore\quad \sqrt{\varepsilon_1\mu_1}\cdot\sin\theta_i = \sqrt{\varepsilon_1\mu_1}\cdot\sin\theta_r = \sqrt{\varepsilon_2\mu_2}\cdot\sin\theta_t \tag{5.42}$$

これより，次の関係が得られる．

$$\theta_i = \theta_r \tag{5.43}$$

これは**反射の法則**といわれ，入射角と反射角は等しいことを示している．この他，次のような関係も得られる．

$$\frac{\sin\theta_t}{\sin\theta_r} = \frac{\sin\theta_t}{\sin\theta_i} = \frac{\sqrt{\varepsilon_1\mu_1}}{\sqrt{\varepsilon_2\mu_2}} \tag{5.44}$$

式 (5.44) 右辺は媒質によって決まる値であるので，透過角と入射角の正弦の比は，境界両側の媒質によって決まってしまうことを示している．これを**スネルの法則**という．

以上の関係を式 (5.41) に適用することにより，次の関係が得られる．

$$\dot{A} + \dot{B} = \dot{C} \tag{5.45}$$

また

$$\frac{\dot{A}\cos\theta_i}{\dot{Z}_{01}} - \frac{\dot{B}\cos\theta_i}{\dot{Z}_{01}} = \frac{\dot{C}\cos\theta_t}{\dot{Z}_{02}}$$

$$(\dot{A} - \dot{B})\frac{\cos\theta_i}{\dot{Z}_{01}} = \frac{\dot{C}\cos\theta_t}{\dot{Z}_{02}}$$

$$\therefore\quad \dot{A} - \dot{B} = \frac{\dot{Z}_{01}\cos\theta_t}{\dot{Z}_{02}\cos\theta_i}\dot{C} \tag{5.46}$$

5.5 平面波の反射と透過

式 (5.45) + (5.46) より $\dot{B}$ を消去すると

$$2\dot{A} = \dot{C} + \frac{\dot{Z}_{01}\cos\theta_t}{\dot{Z}_{02}\cos\theta_i}\dot{C}$$

$$= \dot{C}\left(1 + \frac{\dot{Z}_{01}\cos\theta_t}{\dot{Z}_{02}\cos\theta_i}\right)$$

$$\therefore \quad \dot{A} = \frac{\dot{C}}{2}\left(1 + \frac{\dot{Z}_{01}\cos\theta_t}{\dot{Z}_{02}\cos\theta_i}\right) \tag{5.47}$$

また,式 (5.45) − (5.46) より $\dot{A}$ を消去すると

$$2\dot{B} = \dot{C} - \frac{\dot{Z}_{01}\cos\theta_t}{\dot{Z}_{02}\cos\theta_i}\dot{C}$$

$$= \dot{C}\left(1 - \frac{\dot{Z}_{01}\cos\theta_t}{\dot{Z}_{02}\cos\theta_i}\right)$$

$$\therefore \quad \dot{B} = \frac{\dot{C}}{2}\left(1 - \frac{\dot{Z}_{01}\cos\theta_t}{\dot{Z}_{02}\cos\theta_i}\right) \tag{5.48}$$

反射係数,透過係数の導出

最後に TE 波が境界面に斜入射する場合の反射係数 $\dot{R}_{\mathrm{TE}}$,透過係数 $\dot{T}_{\mathrm{TE}}$ を求めよう.

境界面における反射係数 $\dot{R}_{\mathrm{TE}}$ は,境界面 $z = 0$ における入射電界 $\dot{E}_{ix}|_{z=0}$ と反射電界 $\dot{E}_{rx}|_{z=0}$ の比となる.

$$\dot{R}_{\mathrm{TE}} = \frac{\dot{E}_{rx}|_{z=0}}{\dot{E}_{ix}|_{z=0}}$$

$$= \frac{\dot{B}e^{-j\omega\sqrt{\varepsilon_1\mu_1}\cdot y\sin\theta_r}}{\dot{A}e^{-j\omega\sqrt{\varepsilon_1\mu_1}\cdot y\sin\theta_i}}$$

式 (5.43)(反射の法則)より $\theta_i = \theta_r$ であるので

$$\dot{R}_{\mathrm{TE}} = \frac{\dot{B}}{\dot{A}}$$

式 (5.47), (5.48) を代入して,

$$\dot{R}_{\mathrm{TE}} = \frac{\frac{\dot{C}}{2}\left(1 - \frac{\dot{Z}_{01}\cos\theta_t}{\dot{Z}_{02}\cos\theta_i}\right)}{\frac{\dot{C}}{2}\left(1 + \frac{\dot{Z}_{01}\cos\theta_t}{\dot{Z}_{02}\cos\theta_i}\right)} = \frac{1 - \frac{\dot{Z}_{01}\cos\theta_t}{\dot{Z}_{02}\cos\theta_i}}{1 + \frac{\dot{Z}_{01}\cos\theta_t}{\dot{Z}_{02}\cos\theta_i}}$$

これより,TE 波に対する反射係数を得る.

TE 波に対する反射係数

$$\dot{R}_{\text{TE}} = \frac{\dot{Z}_{02} \cos \theta_i - \dot{Z}_{01} \cos \theta_t}{\dot{Z}_{02} \cos \theta_i + \dot{Z}_{01} \cos \theta_t} \tag{5.49}$$

一方，透過係数 $\dot{T}_{\text{TE}}$ は，境界面 $z=0$ における入射電界 $\dot{E}_{ix}|_{z=0}$ と透過電界 $\dot{E}_{tx}|_{z=0}$ の比となる．

$$\begin{aligned}\dot{T}_{\text{TE}} &= \frac{\dot{E}_{tx}|_{z=0}}{\dot{E}_{ix}|_{z=0}} \\ &= \frac{\dot{C} e^{-j\omega\sqrt{\varepsilon_2 \mu_2} \cdot y \sin \theta_t}}{\dot{A} e^{-j\omega\sqrt{\varepsilon_1 \mu_1} \cdot y \sin \theta_i}}\end{aligned}$$

式 (5.44)（スネルの法則）より，

$$\dot{T}_{\text{TE}} = \frac{\dot{C}}{\dot{A}}$$

式 (5.47) を代入して，

$$\dot{T}_{\text{TE}} = \frac{\dot{C}}{\frac{\dot{C}}{2}\left(1 + \frac{\dot{Z}_{01} \cos \theta_t}{\dot{Z}_{02} \cos \theta_i}\right)} = \frac{2}{1 + \frac{\dot{Z}_{01} \cos \theta_t}{\dot{Z}_{02} \cos \theta_i}}$$

これより，TE 波に対する透過係数を得る．

TE 波に対する透過係数

$$\dot{T}_{\text{TE}} = \frac{2 \dot{Z}_{02} \cos \theta_i}{\dot{Z}_{01} \cos \theta_t + \dot{Z}_{02} \cos \theta_i} \tag{5.50}$$

5.5.4　境界面への斜入射—TM 波の場合

次に TM 波が境界面に対して斜入射する場合について調べてみよう．

電磁界の導出

図 5.9 に示すように TM 波が境界面に対して斜入射する場合，入射電界は y 成分 $\dot{E}_{iy}$ と z 成分 $\dot{E}_{iz}$，入射磁界は x 成分 $\dot{H}_{ix}$ のみを有する．

$$\text{入射波成分}\begin{cases}\dot{E}_{iy} = -\dot{Z}_{01} \cos \theta_i \dot{A} e^{-j\omega\sqrt{\varepsilon_1 \mu_1}(y \sin \theta_i + z \cos \theta_i)} \\ \dot{E}_{iz} = \dot{Z}_{01} \sin \theta_i \dot{A} e^{-j\omega\sqrt{\varepsilon_1 \mu_1}(y \sin \theta_i + z \cos \theta_i)} \\ \dot{H}_{ix} = \dot{A} e^{-j\omega\sqrt{\varepsilon_1 \mu_1}(y \sin \theta_i + z \cos \theta_i)}\end{cases} \tag{5.51}$$

5.5 平面波の反射と透過

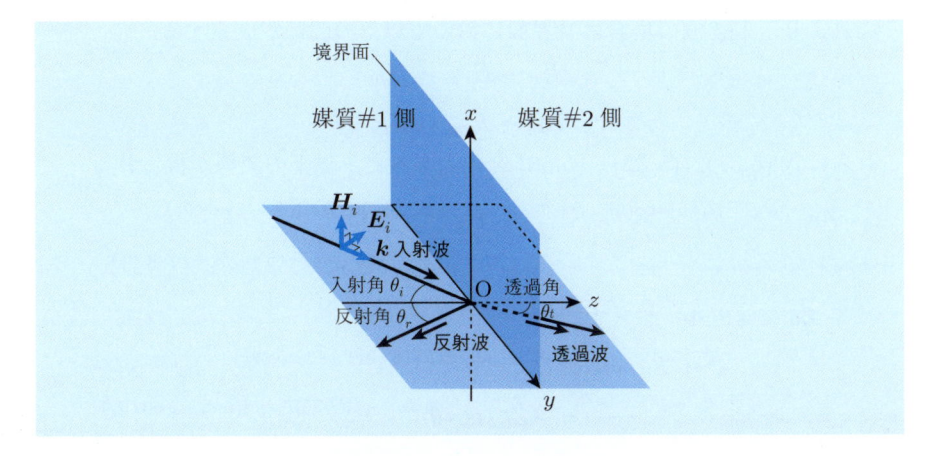

図 5.9 TM 波の斜入射

ここで $\dot{Z}_{01}$ は媒質#1 の固有インピーダンスであり $\dot{Z}_{01} = \sqrt{\mu_1/\varepsilon_1}$ である．この入射波に対する反射波および透過波は，TE 波の場合と全く同様の手順で以下のように求められる．

反射波成分
$$\begin{cases} \dot{E}_{ry} = \dot{Z}_{01} \cos\theta_r \dot{B} e^{-j\omega\sqrt{\varepsilon_1\mu_1}(y\sin\theta_r - z\cos\theta_r)} \\ \dot{E}_{rz} = \dot{Z}_{01} \sin\theta_r \dot{B} e^{-j\omega\sqrt{\varepsilon_1\mu_1}(y\sin\theta_r - z\cos\theta_r)} \\ \dot{H}_{rx} = \dot{B} e^{-j\omega\sqrt{\varepsilon_1\mu_1}(y\sin\theta_r - z\cos\theta_r)} \end{cases} \quad (5.52)$$

透過波成分
$$\begin{cases} \dot{E}_{ty} = -\dot{Z}_{02} \cos\theta_t \dot{C} e^{-j\omega\sqrt{\varepsilon_2\mu_2}(y\sin\theta_t + z\cos\theta_t)} \\ \dot{E}_{tz} = \dot{Z}_{02} \sin\theta_t \dot{C} e^{-j\omega\sqrt{\varepsilon_2\mu_2}(y\sin\theta_t + z\cos\theta_t)} \\ \dot{H}_{tx} = \dot{C} e^{-j\omega\sqrt{\varepsilon_2\mu_2}(y\sin\theta_t + z\cos\theta_t)} \end{cases} \quad (5.53)$$

ここで $\dot{Z}_{02}$ は媒質#2 の固有インピーダンスであり $\dot{Z}_{02} = \sqrt{\mu_2/\varepsilon_2}$ である．

反射係数，透過係数の導出

求めた電磁界をもとに，境界面 ($z = 0$) の電磁界に対して境界条件を適用し，境界面における反射係数，透過係数を求めてみよう．まず，以下に電界，磁界に関する境界条件を再掲する．

$$\begin{cases} \text{電界の境界条件} \quad \text{電界の接線成分は境界面において等しい} \\ \text{磁界の境界条件} \quad \text{磁界の接線成分は境界面において等しい} \end{cases}$$

これより，TM 波の場合は境界面において以下の関係が成立する．

$$\dot{H}_{ix} + \dot{H}_{rx} = \dot{H}_{tx}$$

$$\dot{E}_{iy} + \dot{E}_{ry} = \dot{E}_{ty}$$

これらに式 (5.51)，(5.52)，(5.53) を代入すると，以下の関係が得られる．

$$\dot{A}e^{-j\omega\sqrt{\varepsilon_1\mu_1}(y\sin\theta_i + z\cos\theta_i)} + \dot{B}e^{-j\omega\sqrt{\varepsilon_1\mu_1}(y\sin\theta_r - z\cos\theta_r)}$$
$$= \dot{C}e^{-j\omega\sqrt{\varepsilon_2\mu_2}(y\sin\theta_t + z\cos\theta_t)}$$

$$-\dot{Z}_{01}\cos\theta_i \dot{A}e^{-j\omega\sqrt{\varepsilon_1\mu_1}(y\sin\theta_i + z\cos\theta_i)}$$
$$+ \dot{Z}_{01}\cos\theta_r \dot{B}e^{-j\omega\sqrt{\varepsilon_1\mu_1}(y\sin\theta_r - z\cos\theta_r)}$$
$$= -\dot{Z}_{02}\cos\theta_t \dot{C}e^{-j\omega\sqrt{\varepsilon_2\mu_2}(y\sin\theta_t + z\cos\theta_t)}$$

これに $z=0$（境界面）を代入すると

$$\dot{A}e^{-j\omega\sqrt{\varepsilon_1\mu_1}\,y\sin\theta_i} + \dot{B}e^{-j\omega\sqrt{\varepsilon_1\mu_1}\,y\sin\theta_r} = \dot{C}e^{-j\omega\sqrt{\varepsilon_2\mu_2}\,y\sin\theta_t} \quad (5.54)$$

$$\dot{Z}_{01}\cos\theta_i \dot{A}e^{-j\omega\sqrt{\varepsilon_1\mu_1}\,y\sin\theta_i} - \dot{Z}_{01}\cos\theta_r \dot{B}e^{-j\omega\sqrt{\varepsilon_1\mu_1}\,y\sin\theta_r}$$
$$= \dot{Z}_{02}\cos\theta_t \dot{C}e^{-j\omega\sqrt{\varepsilon_2\mu_2}\,y\sin\theta_t} \quad (5.55)$$

TE 波の斜入射の場合と同様に，上式が境界面上の至る所（つまり任意の y）で成立するためには，

$$j\omega\sqrt{\varepsilon_1\mu_1}\sin\theta_i = j\omega\sqrt{\varepsilon_1\mu_1}\sin\theta_r = j\omega\sqrt{\varepsilon_2\mu_2}\sin\theta_t$$

でなければならず，これから反射の法則とスネルの法則が得られる．

反射の法則　　　$\theta_i = \theta_r$　　　　　　　　　　（∵ 左式 ＝ 中式）

スネルの法則　　$\dfrac{\sin\theta_t}{\sin\theta_r} = \dfrac{j\omega\sqrt{\varepsilon_1\mu_1}}{j\omega\sqrt{\varepsilon_2\mu_2}} = \dfrac{\sqrt{\varepsilon_1\mu_1}}{\sqrt{\varepsilon_2\mu_2}}$　　（∵ 中式 ＝ 右式）

これらを式 (5.54)，(5.55) に適用すると，次式が得られる．

$$\dot{A} + \dot{B} = \dot{C} \qquad (5.56)$$

$$\dot{Z}_{01}\cos\theta_i \dot{A} - \dot{Z}_{01}\cos\theta_r \dot{B} = \dot{Z}_{02}\cos\theta_t \dot{C}$$

$$\dot{Z}_{01}\cos\theta_i \dot{A} - \dot{Z}_{01}\cos\theta_i \dot{B} = \dot{Z}_{02}\cos\theta_t \dot{C} \quad (\because\ \theta_i = \theta_r)$$

$$\dot{Z}_{01}\cos\theta_i \left(\dot{A} - \dot{B}\right) = \dot{Z}_{02}\cos\theta_t \dot{C}$$

5.5 平面波の反射と透過

$$\therefore \quad \dot{A} - \dot{B} = \dot{C}\frac{\dot{Z}_{02}\cos\theta_t}{\dot{Z}_{01}\cos\theta_i} \tag{5.57}$$

式 (5.56) + (5.57) より $\dot{B}$ を消去すると

$$\dot{A} = \frac{\dot{C}}{2}\left(1 + \frac{\dot{Z}_{02}\cos\theta_t}{\dot{Z}_{01}\cos\theta_i}\right) \tag{5.58}$$

式 (5.56) − (5.57) より $\dot{A}$ を消去すると

$$\dot{B} = \frac{\dot{C}}{2}\left(1 - \frac{\dot{Z}_{02}\cos\theta_t}{\dot{Z}_{01}\cos\theta_i}\right) \tag{5.59}$$

式 (5.58), (5.59) より TM 波に対する境界面での反射係数 $\dot{R}_{\mathrm{TM}}$ が得られる.

$$\dot{R}_{\mathrm{TM}} = \left.\frac{\dot{E}_{ry}}{\dot{E}_{iy}}\right|_{z=0} = \left.\frac{\dot{Z}_{01}\cos\theta_r \dot{B} e^{-j\omega\sqrt{\varepsilon_1\mu_1}(y\sin\theta_r - z\cos\theta_r)}}{-\dot{Z}_{01}\cos\theta_i \dot{A} e^{-j\omega\sqrt{\varepsilon_1\mu_1}(y\sin\theta_i + z\cos\theta_i)}}\right|_{z=0}$$

$$= -\frac{\dot{B}}{\dot{A}} = -\frac{\frac{\dot{C}}{2}\left(1 - \frac{\dot{Z}_{02}\cos\theta_t}{\dot{Z}_{01}\cos\theta_i}\right)}{\frac{\dot{C}}{2}\left(1 + \frac{\dot{Z}_{02}\cos\theta_t}{\dot{Z}_{01}\cos\theta_i}\right)} = \frac{\dot{Z}_{02}\cos\theta_t - \dot{Z}_{01}\cos\theta_i}{\dot{Z}_{02}\cos\theta_t + \dot{Z}_{01}\cos\theta_i}$$

TM 波に対する反射係数

$$\therefore \quad \dot{R}_{\mathrm{TM}} = \frac{\dot{Z}_{02}\cos\theta_t - \dot{Z}_{01}\cos\theta_i}{\dot{Z}_{02}\cos\theta_t + \dot{Z}_{01}\cos\theta_i} \tag{5.60}$$

一方, TM 波に対する境界面での透過係数 $\dot{T}_{\mathrm{TM}}$ は次式のように得られる.

$$\dot{T}_{\mathrm{TM}} = \left.\frac{\dot{E}_{ty}}{\dot{E}_{iy}}\right|_{z=0} = \left.\frac{-\dot{Z}_{02}\cos\theta_t \dot{C} e^{-j\omega\sqrt{\varepsilon_2\mu_2}(y\sin\theta_t + z\cos\theta_t)}}{-\dot{Z}_{01}\cos\theta_i \dot{A} e^{-j\omega\sqrt{\varepsilon_1\mu_1}(y\sin\theta_i + z\cos\theta_i)}}\right|_{z=0}$$

$$= \frac{\dot{Z}_{02}\cos\theta_t \cdot \dot{C}}{\dot{Z}_{01}\cos\theta_i \cdot \dot{A}} = \frac{\dot{Z}_{02}\cos\theta_t \cdot \dot{C}}{\dot{Z}_{01}\cos\theta_i \cdot \frac{\dot{C}}{2}\left(1 + \frac{\dot{Z}_{02}\cos\theta_t}{\dot{Z}_{01}\cos\theta_i}\right)}$$

TM 波に対する透過係数

$$\therefore \quad \dot{T}_{\mathrm{TM}} = \frac{2\dot{Z}_{02}\cos\theta_t}{\dot{Z}_{01}\cos\theta_i + \dot{Z}_{02}\cos\theta_t} \tag{5.61}$$

屈折率について

媒質#1, #2 の境界面に電磁波が斜入射する際, 入射角 θ_i と透過角 θ_t との間には, 前述のスネルの法則（式 (5.44)）より次の関係が成立する.

$$\frac{\sin\theta_i}{\sin\theta_t} = \sqrt{\frac{\varepsilon_2 \mu_2}{\varepsilon_1 \mu_1}}$$

これは媒質#1 側から媒質#2 に電磁波が透過する際, 伝搬方向がどの程度屈折するかを表しており, **相対屈折率**と呼ばれる.

相対屈折率

$$n = \sqrt{\frac{\varepsilon_2 \mu_2}{\varepsilon_1 \mu_1}} \tag{5.62}$$

ここで式 (3.7) より, 媒質#1, 媒質#2 における電磁波の伝搬速度 v_1, v_2 はそれぞれ

$$v_1 = \frac{1}{\sqrt{\varepsilon_1 \mu_1}}, \qquad v_2 = \frac{1}{\sqrt{\varepsilon_2 \mu_2}}$$

であるから, 相対屈折率 n は次のようにも記述できる.

$$n = \frac{v_1}{v_2} \tag{5.63}$$

例えば, 媒質#1 と媒質#2 が同じ媒質であれば, $v_1 = v_2$ であるから $n = 1$ となる. このとき, 媒質#1 側から境界面に到来した電磁波は屈折することなく媒質#2 側へと伝搬することを示している.

一方, 媒質#1 側が真空である場合の相対屈折率を n_2 とおくと, 次のようになる.

$$n_2 = \frac{v_0}{v_2} \quad (v_0:\text{真空中の電磁波の伝搬速度})$$

この n_2 は媒質#2 の**絶対屈折率**と呼ばれる. 絶対屈折率は真空に対するその媒質の相対屈折率であるから, 媒質固有の値である. 同様に媒質#1 の絶対屈折率 n_1 は

$$n_1 = \frac{v_0}{v_1}$$

となるので, 相対屈折率 n は絶対屈折率 n_1, n_2 を用いて次のように表現できる.

5.5 平面波の反射と透過

相対屈折率と絶対屈折率の関係

$$n = \frac{n_2}{n_1} \tag{5.64}$$

$n_1 > n_2$ ならばスネルの法則（式 (5.44)）および式 (5.64) の関係から $\theta_t > \theta_i$ となる．なお，透過角は**屈折角**とも呼ばれる．

臨界角

図 5.9 において，媒質#1，#2 の透磁率 μ_1，μ_2 がともに μ_0 であるとき，境界面に TM 波が斜入射する際の入射角 θ_i と透過角 θ_t の関係はスネルの法則より，

$$\frac{\sin \theta_i}{\sin \theta_t} = \sqrt{\frac{\varepsilon_2 \mu_2}{\varepsilon_1 \mu_1}} = \sqrt{\frac{\varepsilon_2 \mu_0}{\varepsilon_1 \mu_0}} = \sqrt{\frac{\varepsilon_2}{\varepsilon_1}} \tag{5.65}$$

前述のとおり，上式は媒質#1，#2 の絶対屈折率 n_1，n_2 を用いて

$$\frac{\sin \theta_i}{\sin \theta_t} = \frac{n_2}{n_1}$$

とも表現できるので，$n_1 > n_2$ なる関係にあるとき $\theta_t > \theta_i$ となるが，透過角 θ_t が $\pi/2$ となるような入射角 θ_i が存在することがわかる．図 5.9 によると，透過角 $\theta_t = \pi/2$ とは，媒質#1 側から境界面に入射した電磁波が媒質#2 側に全く透過しないことを示している．このとき，両媒質の透磁率が μ_0 であるならば，式 (5.65) より

$$\frac{\sin \theta_i}{\sin \theta_t} = \frac{\sin \theta_i}{\sin 90°} = \sin \theta_i = \sqrt{\frac{\varepsilon_2 \mu_0}{\varepsilon_1 \mu_0}}$$

$$\therefore \quad \sin \theta_i = \sqrt{\frac{\varepsilon_2}{\varepsilon_1}}$$

すなわち，上式を満たすような入射角 θ_i で TM 波が境界面に入射した場合，媒質#2 に電磁波は透過しない，いいかえれば入射した電磁波は全反射することになる．このような角度のことを**臨界角**という．

ブルースタ角

先に述べたとおり，TM 波の斜入射に対する反射係数 $\dot{R}_{\text{TM}}$ は次式となる．

$$\dot{R}_{\text{TM}} = \frac{\dot{Z}_{02} \cos \theta_t - \dot{Z}_{01} \cos \theta_i}{\dot{Z}_{02} \cos \theta_t + \dot{Z}_{01} \cos \theta_i} \qquad (5.60)\ 再掲$$

ここで，境界面の両側の媒質#1，#2 の透磁率がともに μ_0 であるとき，各々の媒質の固有インピーダンス $\dot{Z}_{01}$, $\dot{Z}_{02}$ は

$$\dot{Z}_{01} = \sqrt{\frac{\mu_0}{\varepsilon_1}}, \qquad \dot{Z}_{02} = \sqrt{\frac{\mu_0}{\varepsilon_2}}$$

となるから，反射係数 $\dot{R}_{\mathrm{TM}}$ は次式となる．

$$\dot{R}_{\mathrm{TM}} = \frac{\sqrt{\frac{\mu_0}{\varepsilon_2}}\cos\theta_t - \sqrt{\frac{\mu_0}{\varepsilon_1}}\cos\theta_i}{\sqrt{\frac{\mu_0}{\varepsilon_2}}\cos\theta_t + \sqrt{\frac{\mu_0}{\varepsilon_1}}\cos\theta_i} = \frac{\cos\theta_t - \sqrt{\frac{\varepsilon_2}{\varepsilon_1}}\cos\theta_i}{\cos\theta_t + \sqrt{\frac{\varepsilon_2}{\varepsilon_1}}\cos\theta_i} \tag{5.66}$$

今，媒質#1，#2 の透磁率がともに μ_0 であるので式 (5.65) より $n = \sqrt{\varepsilon_2/\varepsilon_1}$ であるから，$\dot{R}_{\mathrm{TM}}$ は次式となる．

$$\dot{R}_{\mathrm{TM}} = \frac{\cos\theta_t - n\cos\theta_i}{\cos\theta_t + n\cos\theta_i} \tag{5.67}$$

ここで式 (5.44) より

$$\sin\theta_t = \frac{\sin\theta_i}{n}$$

$$\sqrt{1 - \cos^2\theta_t} = \frac{\sin\theta_i}{n}$$

$$1 - \cos^2\theta_t = \frac{\sin^2\theta_i}{n^2}$$

$$\cos^2\theta_t = 1 - \frac{\sin^2\theta_i}{n^2}$$

$$\therefore \quad \cos\theta_t = \sqrt{1 - \frac{\sin^2\theta_i}{n^2}}$$

上式を式 (5.67) に代入すると，次式が得られる．

$$\dot{R}_{\mathrm{TM}} = \frac{\cos\theta_t - n\cos\theta_i}{\cos\theta_t + n\cos\theta_i} = \frac{\sqrt{1 - \frac{\sin^2\theta_i}{n^2}} - n\cos\theta_i}{\sqrt{1 - \frac{\sin^2\theta_i}{n^2}} + n\cos\theta_i}$$

$$= \frac{\sqrt{n^2 - \sin^2\theta_i} - n^2\cos\theta_i}{\sqrt{n^2 - \sin^2\theta_i} + n^2\cos\theta_i} \tag{5.68}$$

ここで，

$$\tan\theta_i = n$$

となるような入射角 $\theta_i = \theta_{\mathrm{B}}$ があったとしよう．このとき，式 (5.68) は

$$\dot{R}_{\text{TM}} = \frac{\sqrt{\tan^2\theta_B - \sin^2\theta_B} - \tan^2\theta_B \cos\theta_B}{\sqrt{\tan^2\theta_B - \sin^2\theta_B} + \tan^2\theta_B \cos\theta_B}$$

$$= \frac{\tan\theta_B\sqrt{1 - \cos^2\theta_B} - \tan^2\theta_B \cos\theta_B}{\tan\theta_B\sqrt{1 - \cos^2\theta_B} + \tan^2\theta_B \cos\theta_B}$$

$$= \frac{\tan\theta_B \sin\theta_B - \tan\theta_B \sin\theta_B}{\tan\theta_B \sin\theta_B + \tan\theta_B \sin\theta_B} = 0 \quad (5.69)$$

つまり $\tan\theta_B = n$ となるような入射角 θ_B に対して，反射係数 $\dot{R}_{\text{TM}}$ が 0（無反射）となることを示している．このような入射角をブルースタ角[†4]という．なお，TE 波に対してはブルースタ角は存在しない．

5 章の問題

☐ **5.1** ある誘電体媒質（導電率 $\sigma = 0$，透磁率 μ_0）中を周波数 $1.5\,\text{GHz}$ の電磁波が伝搬するとき，その波長が真空の場合の 1/2 であったとする．この誘電体媒質の比誘電率と固有インピーダンス，位相定数を求めよ．なお，真空の固有インピーダンスは $120\pi\,[\Omega]$，真空における電磁波の伝搬速度は $3 \times 10^8\,\text{m/s}$ とする．

☐ **5.2** 絶対屈折率 2 の誘電体媒質（導電率 $\sigma = 0$，透磁率 μ_0）内を伝搬する電磁波の伝搬速度を求めよ．なお，真空中を伝搬する電磁波の伝搬速度は $3 \times 10^8\,\text{m/s}$ とする．

[†4] Brewster angle

第6章

伝送線路の基礎

　これまで，空間を伝わる電磁波の基本的な特徴を明らかにしてきた．電磁波（電波）といえば，アンテナから放射されて空間を伝わるといったイメージが強いが，例えば，家庭でテレビジョン受像機とアンテナとをつなぐアンテナ線を伝わる高い周波数の信号も電磁波として伝搬している．本章では，高い周波数の電磁波を伝えるための伝送線路とその基本特性について紹介する．伝送線路の基本特性は電圧，電流を用いて表現されることがあるが，電圧，電流も電磁波と同様に波動として伝搬していることを示す．

6.1 有線通信と電磁波について

　電気通信は，送信機から受信機に向けて電気信号を送ることによって実現する．送信機から受信機へと電気信号を送るには，送受信機間に電気信号を伝える媒体が必要である．送受信機を導線等の伝送路で接続し，これに沿って電気信号を伝える方法は，一般に有線通信といわれる．これに対し，送受信機が伝送路で直接接続されておらず，送信機に接続された送信アンテナから空間に電磁波を放射し，これを受信アンテナで受信して受信機側に伝える方法を無線通信という．実際に電磁波を空間に放射する無線通信は，一般に電波を使った通信であると認識されている一方，有線通信は電磁波とは無関係のように考えられていることが少なくない．

　電気通信は情報を時間的に変動する電気信号に変換して伝送することにより実現している．導体を用いた有線通信では，送信機で作り出した時間的に変動する電圧を導体に印加することになる．すると，導体には時間的に変動する電流が流れ出し，これにともなって電流の周囲には時間的に変動する磁界が発生する．時間的に変動する磁界の周囲に時間的に変動する電界が発生することは，ファラデーの電磁誘導則から明らかである．この電界がアンペア–マクスウェルの法則にしたがって時間的に変動する磁界を生み，さらに電界を生む，といった現象が繰り返されて電磁波が発生し，これが波動として伝搬する．結局，有線通信の場合も，導体の周囲に発生した電磁波が受信側へと伝わっているのである．

6.2 集中定数回路と分布定数回路

本書を手にしておられる読者の多くは，電気磁気学とともに電気回路学をすでに学んでいるだろう．電気回路学は，抵抗素子 R，コイル（インダクタンス素子）L，コンデンサ（キャパシタンス素子）C といった3つの線形受動素子で構成された回路（電気回路）を通じて電気回路解析（電気回路上の電圧，電流をくまなく調べること）の手法を学ぶとともに，電気技術者にとって理解しやすい電気回路を題材として，最終的にシステムの考え方を習得するための基礎となる学問である．

ところで，電気回路学を学び始めて最初に出てくる回路を思い出してみよう．電気回路は電源や素子を導線で接続することによって構成されているが，導線の長さや素子の寸法，形状については全く言及しなかったであろう．その理由は，想定されている使用周波数に関係がある．例えば，与えられた電気回路に流す信号の周波数が 1 kHz であったとしよう．自由空間における周波数 f と波長 λ との関係は $\lambda = c/f$（c は光速 $\approx 3 \times 10^8$ m/s）であるから，周波数 1 kHz の信号の波長は自由空間で 300 km にも及び，その位相を考えると 150 km 離れてようやく 180° 反転することになる．したがって，机の上に作った電気回路に周波数 1 kHz の信号を印加した場合，回路そのものが使用波長に比べて極めて小さいため，素子をつなぐ導線上では位相の変化がほとんどない．つまり，使用波長に比べて導線の長さがきわめて短いため，導線の長さは無視できる，というわけである．同様に素子の形状，寸法について言及されることはない．このような回路を**集中定数回路**という．

ところが，使用周波数が高くなるとそうはいかなくなる．使用周波数が高くなるにつれて波長が短くなるため，回路の寸法は波長に比べて相対的に大きくなってくる．**表 6.1** は，通信その他に使用されている電波の周波数と波長の例である．例えば，携帯電話等に使用されている周波数 2 GHz の場合，自由空間での波長は 15 cm となり，波長が電子機器の大きさに近付いてくる．プリント回路基板上に作成された回路においては，自由空間に比べてさらに波長が短くなるため[†]，数 cm のプリント配線があったならば，配線上の位置による位相

[†] プリント回路基板上では波長短縮率を考慮しなければならない．

表6.1　我が国で使用されている電波の周波数と波長

主な用途	周波数 f	波長 λ
中波ラジオ放送	1000 kHz	300 m
FMラジオ放送	80 MHz	3.75 m
地上ディジタルテレビジョン放送	470〜710 MHz	63.8〜42.2 cm
携帯電話（一例）	2 GHz	15 cm
電子レンジ	2.45 GHz	12.2 cm
レーダ	10 GHz	3 cm

の違い（配線上の位相分布）が無視できなくなる．これは長い配線を使ってはいけないということではなく，いい加減な配線をすると目的の特性が得られない，ということである．マイクロ波と呼ばれる高い周波数領域の回路では，プリント回路基板上の配線構造や部品の配置位置までもが回路の特性に大きく影響してくることが知られており，素子にはチップ部品などの小さな部品が採用される．

　使用周波数が高くなるにつれて導体や素子の寸法が無視できなくなるのにともない，それらのもつインダクタンス成分や導体間のキャパシタンス成分も無視できなくなる．導体に電流が流れるとその周囲に磁界が発生するが，磁界に蓄えられるエネルギー w_L は

$$w_L = \frac{1}{2}Li^2$$

であることが知られている．ここで L は導体のもつインダクタンスであり，導体はたとえコイル状でなくてもインダクタンス成分を有している．また，周波数が高くなると，回路上の位相分布が無視できなくなるので，回路上に電位の分布が現れる．電位差のあるところには電気力線が発生し電界が現れることになるが，電界に蓄えられるエネルギー w_C は

$$w_C = \frac{1}{2}Cv^2$$

であることが知られている．ここで C は導体間のキャパシタンスであり，2つの導体間には必ず C 成分が存在する．角周波数が ω であるとき，L および C のもつインピーダンス $\dot{Z}_L$, $\dot{Z}_C$ はそれぞれ

$$\dot{Z}_L = j\omega L, \qquad \dot{Z}_C = \frac{1}{j\omega C}$$

となるが，使用周波数が比較的低いとき，$|\dot{Z}_L|$ は非常に小さく，また $|\dot{Z}_C|$ は非常に大きいため，導体上，導体間に存在する L，C の影響は無視しても構わない．しかし，使用周波数が高くなるにつれて，$|\dot{Z}_L|$ は次第に大きくなり，また $|\dot{Z}_C|$ は次第に小さくなるため L，C の影響が無視できなくなる．図 6.1 は，電源と抵抗からなる簡単な回路に現れる L，C の様子を模式的に描いたものである．使用周波数が比較的低いときは導体上や導体間に L，C が存在してもその影響は小さいため L，C を明示的に描く必要はなく，図 6.1(a) のように電源と抵抗だけで等価回路を描いても差支えはない．しかし，周波数が高くなるにつれて次第に L，C が無視できなくなり，図 6.1(b) のように回路じゅうに L，C が現れてくる．実際にはもっと複雑な状況となるため，容易には解析できなくなる．

以上のように，回路の寸法を無視することのできなくなるような使用周波数に対しては回路の等価回路も非常に複雑になるが，これを簡単な形で表現した回路を**分布定数回路**と呼んでいる．有線通信においては，伝送路に沿って比較的高い周波数の信号を伝搬させるため，伝送路は分布定数回路によって構成されることになる．分布定数回路によって構成された伝送路を**分布定数線路**または**伝送線路**と呼ぶ．

(a) 使用周波数が比較的低いとき　　(b) 使用周波数が高くなったとき

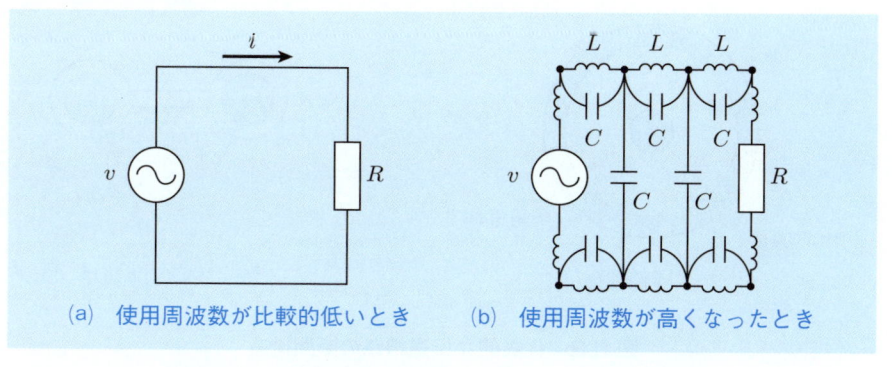

図 6.1　使用周波数が高くなったときに現れる影響

6.3 伝送線路の等価回路

身近な伝送線路の代表例として，アンテナとテレビジョン受像機とを接続するアンテナ線が挙げられる．近年，家庭用のアンテナ線には一般に同軸ケーブルが用いられている．同軸ケーブルは，図 6.2(a) のようにその断面の中心軸上に中心導体を置き，誘電体をはさんで同心円状に外部導体が配置された断面構造（同軸構造）である．伝送線路には同軸ケーブルのほかに，平行な 2 本以上の導体からなるものなどもあるが，これらはどの位置でケーブルを切断しても同じ断面構造が現れる[††]．すなわち，線路の断面が線路方向に均一な構造を有するので，その等価回路も比較的描きやすい．

図 6.3 は，2 本の平行な導体で構成された伝送線路（平行 2 本線路）とその等価回路である．等価回路上に表現されている L, $C/2$ は，前節で述べたとおり，それぞれ線路のもつ単位長さあたりのインダクタンスおよび線路間の単位長さあたりのキャパシタンスを表現したものである．また R は周波数の高い信号に対して線路導体上に現れる単位長さあたりの抵抗成分であり**高周波実効抵抗**という．これは線路導体の表皮効果を原因として生じるものである．導体を伝わる信号の周波数が高くなると，表皮効果によって導体の表面に電流が集中し中心部分に流れなくなるため，等価的に導体の断面積が低下したことになり

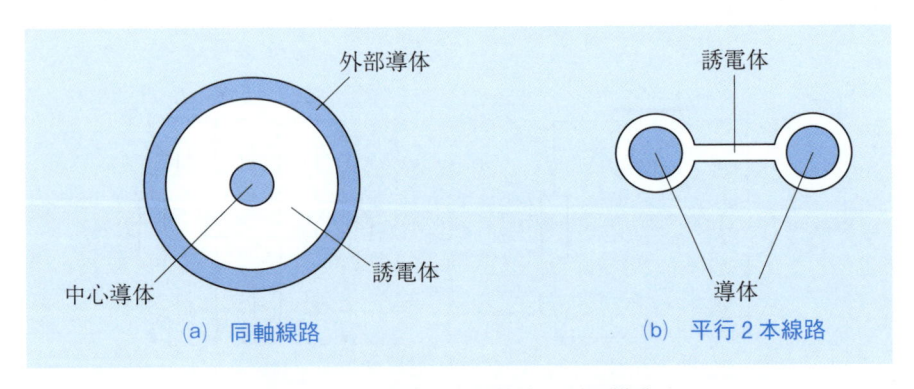

(a) 同軸線路 　　　(b) 平行 2 本線路

図 6.2　代表的な伝送線路の断面構造

[††]同軸ケーブルを伝わる電磁波は TEM 波であり，任意の断面において同じ電磁界分布（パターン）となる．

図 6.3(a) のような図と、(b) 伝送線路部分の等価回路

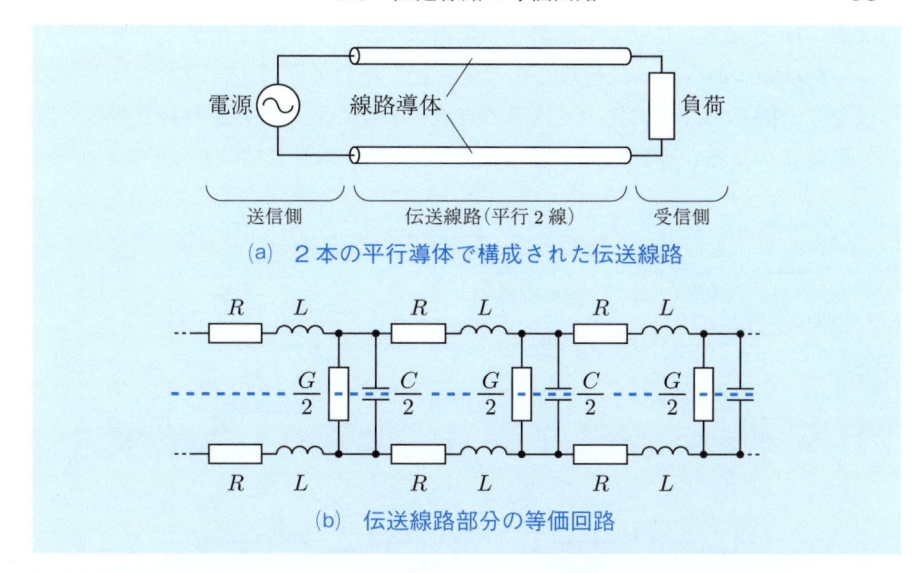

図 6.3 2 本の平行導体からなる伝送線路とその等価回路

導体の抵抗値が上昇する．これにともなう抵抗が高周波実効抵抗である．また，$G/2$ は 2 本の線路導体間に現れる単位長さあたりの抵抗成分であり，**漏洩コンダクタンス**と呼ばれる．伝送線路はその断面構造を均一に保つため，一般に線路導体間に誘電体が充填されている．一般に用いられる誘電体は完全な絶縁体ではなく，わずかながら導電率を有しており，これを通じて 2 本の線路導体間に電流が流れる．これを表現したものが漏洩コンダクタンスである．

図 6.3(b) の等価回路は，2 本の平行導体からなる伝送線路を表現したものであるから，伝送線路の物理的構造は長さ方向に均一であり，その断面は等価回路上の破線に対して対称な構造である．図 6.3(a) のように電源を接続して伝送線路を励振する場合，2 本の導体を互いに逆位相で励振することになるため，等価回路中央部の破線上の電位は 0 となる[†††]．

この後，伝送線路を解析していくにあたり，その等価回路はできるだけ簡単な方が取り扱いやすい．そこで，図 6.4(a) のように，グラウンド面に対して平行に配置された 1 本の導体からなる伝送線路を考える．この伝送線路は，平

[†††] 電位が 0 となる点によって構成された面を電気壁という．

行2線の伝送線路において電位が0の位置にグラウンド面を配置したものである．1本の導体からなる伝送線路を考えると，その等価回路は図6.4(b)のようになり，図6.3(b)に比べて素子の点数も少なく取り扱いが容易である．以後，図6.4のような等価回路を用いて，伝送線路を解析していくことにしよう．

(a) グラウンド面上に平行に配置された1本の導体からなる伝送線路

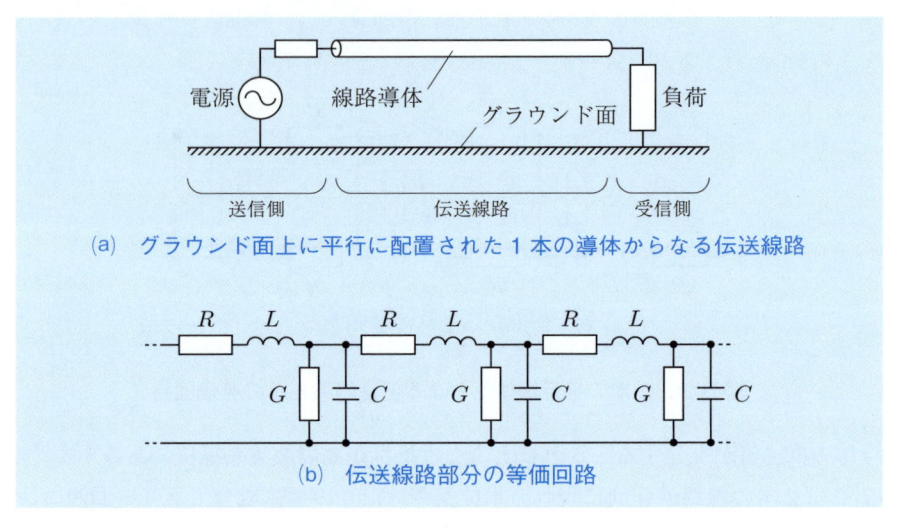

(b) 伝送線路部分の等価回路

図6.4 1本の導体とグラウンド面からなる伝送線路とその等価回路

6.4 伝送線路の基本式

6.4.1 電圧,電流に関する波動方程式

伝送線路は比較的波長の短い(周波数の高い)信号を伝送させるものであるから,伝送線路上には位相の分布が現れる.また R や G などの抵抗に相当する成分を有するため,信号が伝送線路に沿って伝搬するにしたがって次第に減衰する.以上のことから,伝送線路上の電圧および電流は位置によってその振幅と位相が異なる.

図 6.5(a) は,前節で示した 1 本の導体からなる伝送線路のうち,Δx の区間の等価回路を抜き出したものである.ここで,この等価回路モデルの各部の電圧,電流を求めてみよう.位置 x において時間領域で表示された電圧,電流をそれぞれ $v(x,t)$, $i(x,t)$ とすると,等価回路の各部の電圧および電流は,図 6.5(b) のようになる.ここで図 6.5(b) の回路にキルヒホフの第二法則(電圧則)を

(a) 伝送線路の Δx の区間の等価回路

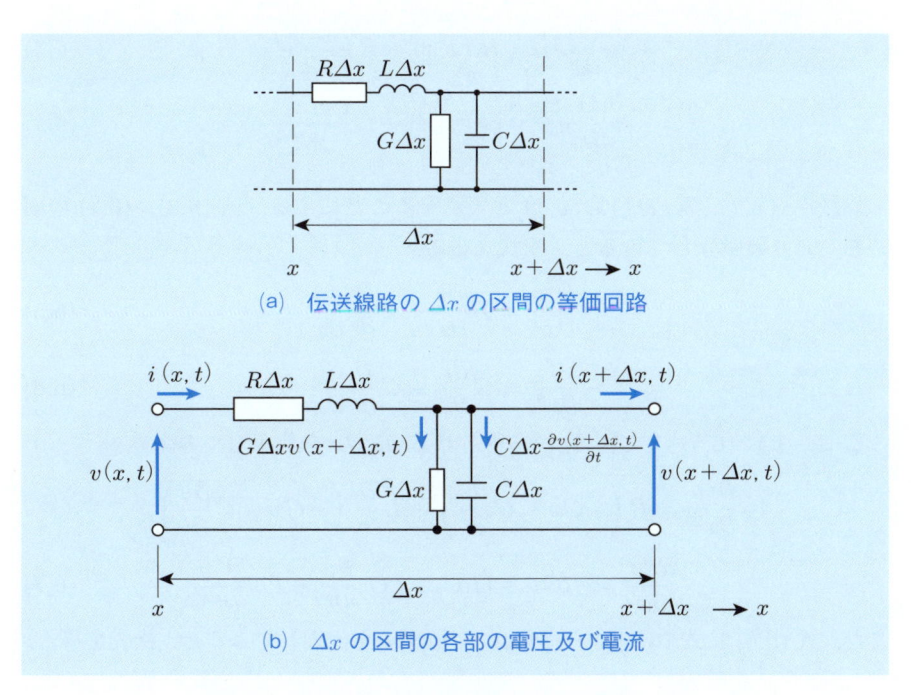

(b) Δx の区間の各部の電圧及び電流

図 6.5 区間 Δx の等価回路と各部の電圧,電流

適用すると，次式を得る．

$$v(x,t) - R\Delta x\, i(x,t) - L\Delta x \frac{\partial i(x,t)}{\partial t} - v(x+\Delta x, t) = 0$$

$$\therefore\quad -\frac{v(x+\Delta x, t) - v(x,t)}{\Delta x} = Ri(x,t) + L\frac{\partial i(x,t)}{\partial t} \tag{6.1}$$

また，キルヒホフの第一法則（電流則）を適用すると，次式を得る．

$$i(x,t) - i(x+\Delta x, t) - G\Delta x\, v(x+\Delta x, t) - C\Delta x \frac{\partial v(x+\Delta x, t)}{\partial t} = 0$$

$$\therefore\quad -\frac{i(x+\Delta x, t) - i(x,t)}{\Delta x} = Gv(x+\Delta x, t) + C\frac{\partial v(x+\Delta x, t)}{\partial t} \tag{6.2}$$

ここで伝送線路上の微小区間について考えるため，式 (6.1), (6.2) について $\Delta x \to 0$ とすると，次のような微分方程式が得られる．これらの方程式は，時間領域で表示された伝送線路の基礎方程式であり，**電信方程式**とも呼ばれている．

電信方程式（時間領域での表示）

$$-\frac{\partial v(x,t)}{\partial x} = Ri(x,t) + L\frac{\partial i(x,t)}{\partial t} \tag{6.3}$$

$$-\frac{\partial i(x,t)}{\partial x} = Gv(x,t) + C\frac{\partial v(x,t)}{\partial t} \tag{6.4}$$

以後，$v(x,t)$, $i(x,t)$ は，v, i と表示することにする．式 (6.3), (6.4) の両辺を，x で偏微分してみると，次式を得る．

$$-\frac{\partial^2 v}{\partial x^2} = R\frac{\partial i}{\partial x} + L\frac{\partial}{\partial t}\frac{\partial i}{\partial x} \tag{6.5}$$

$$-\frac{\partial^2 i}{\partial x^2} = G\frac{\partial v}{\partial x} + C\frac{\partial}{\partial t}\frac{\partial v}{\partial x} \tag{6.6}$$

ここで，上式 (6.5) に式 (6.4) から得られる $\partial i/\partial x$ を代入してみよう．

$$-\frac{\partial^2 v}{\partial x^2} = R\left(-Gv - C\frac{\partial v}{\partial t}\right) + L\frac{\partial}{\partial t}\left(-Gv - C\frac{\partial v}{\partial t}\right)$$

$$\therefore\quad \frac{\partial^2 v}{\partial x^2} = RGv + (RC+LG)\frac{\partial v}{\partial t} + LC\frac{\partial^2 v}{\partial t^2} \tag{6.7}$$

また，式 (6.6) に式 (6.3) から得られる $\partial v/\partial x$ を代入してみると，次式を得る．

6.4 伝送線路の基本式

$$-\frac{\partial^2 i}{\partial x^2} = G\left(-Ri - L\frac{\partial i}{\partial t}\right) + C\frac{\partial}{\partial t}\left(-Ri - L\frac{\partial i}{\partial t}\right)$$

$$\therefore \frac{\partial^2 i}{\partial x^2} = RGi + (LG + RC)\frac{\partial i}{\partial t} + LC\frac{\partial^2 i}{\partial t^2} \tag{6.8}$$

ここで簡単化のため，信号が減衰せずに伝搬するような伝送線路を考えよう．伝送線路上で信号が減衰する原因は伝送線路のもつ抵抗成分 R, G にあるため，$R = 0$, $G = 0$ ならば減衰しない．このような伝送線路を**無損失線路**という．無損失線路の場合，式 (6.7)，(6.8) は次式となる．

$$\frac{\partial^2 v}{\partial x^2} = LC\frac{\partial^2 v}{\partial t^2} \tag{6.9}$$

$$\frac{\partial^2 i}{\partial x^2} = LC\frac{\partial^2 i}{\partial t^2} \tag{6.10}$$

これらはそれぞれ v, i を波動関数とする 1 次元の波動方程式と同形式である．このことから電圧，電流はともに伝送線路に沿って波動として伝搬していることがわかる．なお上式より，電圧および電流の**伝搬速度**は $1/\sqrt{LC}$ であることがわかるだろう（詳細は 3.1.3 項参照）．

6.4.2 電信方程式の複素ベクトル表示

伝送する信号は正弦波状に時間変化する場合，電圧，電流は複素ベクトル表示することができ，解析も比較的容易となる．そこで，複素ベクトル表示された電信方程式を求めてみよう．

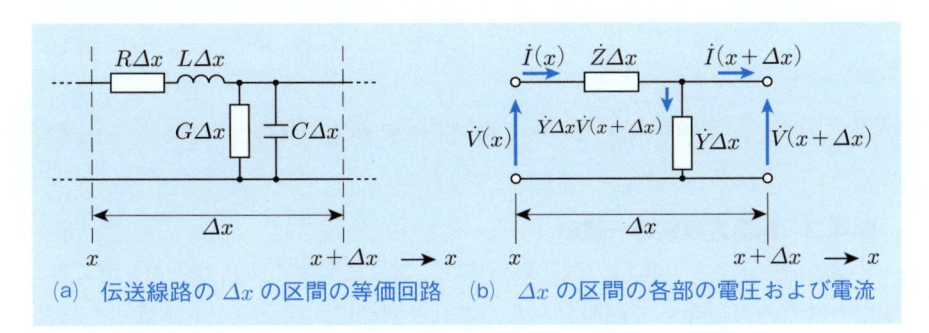

(a) 伝送線路の Δx の区間の等価回路　(b) Δx の区間の各部の電圧および電流

図 6.6　区間 Δx の等価回路と各部の電圧，電流

図 6.6(a) に示すような伝送線路上の区間 Δx の等価回路に対し，$R\Delta x$ と $L\Delta x$ の直列インピーダンスを $\dot{Z}\Delta x$，$G\Delta x$ と $C\Delta x$ の並列アドミタンスを $\dot{Y}\Delta x$ とおく．

$$\dot{Z}\Delta x = R\Delta x + j\omega L\Delta x = (R + j\omega L)\,\Delta x$$

$$\dot{Y}\Delta x = G\Delta x + j\omega C\Delta x = (G + j\omega C)\,\Delta x$$

ここで ω は信号の角周波数である．このとき，等価回路の各部の電圧および電流は，図 6.6(b) のようになる．ここで図 6.6(b) の回路にキルヒホフの電圧則を適用すると，次式を得る．

$$\dot{V}(x) - \dot{Z}\Delta x\dot{I}(x) - \dot{V}(x+\Delta x) = 0$$

$$\therefore \quad \frac{\dot{V}(x+\Delta x) - \dot{V}(x)}{\Delta x} = -\dot{Z}\dot{I}(x) \tag{6.11}$$

また，キルヒホフの電流則を適用すると，次式を得る．

$$\dot{I}(x) - \dot{I}(x+\Delta x) - \dot{Y}\Delta x\dot{V}(x+\Delta x) = 0$$

$$\therefore \quad \frac{\dot{I}(x+\Delta x) - \dot{I}(x)}{\Delta x} = -\dot{Y}\dot{V}(x+\Delta x) \tag{6.12}$$

ここで伝送線路上の微小区間について考えるため，式 (6.11)，(6.12) について $\Delta x \to 0$ とすると，次のような微分方程式が得られる．これらは複素ベクトル表示された電信方程式である．

電信方程式（複素ベクトル表示）

$$-\frac{d\dot{V}(x)}{dx} = \dot{Z}\dot{I}(x) = (R + j\omega L)\dot{I}(x) \tag{6.13}$$

$$-\frac{d\dot{I}(x)}{dx} = \dot{Y}\dot{V}(x) = (G + j\omega C)\dot{V}(x) \tag{6.14}$$

6.4.3 電信方程式の一般解

時間領域表示された電信方程式から電圧，電流に関する波動方程式を導く際，電信方程式の両辺を x で偏微分した．これと同様に，複素ベクトル表示された電信方程式 (6.13)，(6.14) の両辺を x で微分すると，次式を得る．

6.4 伝送線路の基本式

$$-\frac{d^2\dot{V}(x)}{dx^2} = \dot{Z}\frac{d\dot{I}(x)}{dx} \tag{6.15}$$

$$-\frac{d^2\dot{I}(x)}{dx^2} = \dot{Y}\frac{d\dot{V}(x)}{dx} \tag{6.16}$$

上式 (6.15) に式 (6.14) を代入すると次式を得る．

$$-\frac{d^2\dot{V}(x)}{dx^2} = \dot{Z}\left\{-\dot{Y}\dot{V}(x)\right\}$$

$$\therefore \quad \frac{d^2\dot{V}(x)}{dx^2} - \dot{Z}\dot{Y}\dot{V}(x) = 0 \tag{6.17}$$

また，式 (6.16) に式 (6.13) を代入すると次式を得る．

$$-\frac{d^2\dot{I}(x)}{dx^2} = \dot{Y}\left\{-\dot{Z}\dot{I}(x)\right\}$$

$$\therefore \quad \frac{d^2\dot{I}(x)}{dx^2} - \dot{Z}\dot{Y}\dot{I}(x) = 0 \tag{6.18}$$

微分方程式 (6.17) を解くと，次のような $\dot{V}(x)$ の一般解が得られる．

$$\dot{V}(x) = \dot{A}e^{-\sqrt{\dot{Z}\dot{Y}}\,x} + \dot{B}e^{\sqrt{\dot{Z}\dot{Y}}\,x} \tag{6.19}$$

ここで，$\dot{A}$, $\dot{B}$ は任意定数であり，振幅と位相の成分を有するため，ドット記号が付与されている．得られた $\dot{V}(x)$ を式 (6.13) に代入すると，

$$-\frac{d\dot{V}(x)}{dx} = -\frac{d}{dx}\left(\dot{A}e^{-\sqrt{\dot{Z}\dot{Y}}\,x} + \dot{B}e^{\sqrt{\dot{Z}\dot{Y}}\,x}\right)$$

$$= \sqrt{\dot{Z}\dot{Y}}\,\dot{A}e^{-\sqrt{\dot{Z}\dot{Y}}\,x} - \sqrt{\dot{Z}\dot{Y}}\,\dot{B}e^{\sqrt{\dot{Z}\dot{Y}}\,x} = \dot{Z}\dot{I}(x)$$

これより $\dot{I}(x)$ の一般解を得る．

$$\dot{I}(x) = \sqrt{\frac{\dot{Y}}{\dot{Z}}}\,\dot{A}e^{-\sqrt{\dot{Z}\dot{Y}}\,x} - \sqrt{\frac{\dot{Y}}{\dot{Z}}}\,\dot{B}e^{\sqrt{\dot{Z}\dot{Y}}\,x} \tag{6.20}$$

式 (6.19), (6.20) は，伝送線路上の電圧，電流分布を表している．なお，両式に含まれている任意定数 $\dot{A}$, $\dot{B}$ は，伝送線路に接続される負荷の条件によって決まる．

ところで，式 (6.19), (6.20) を見ると，5.2 節で学んだ平面波電磁界の式 (5.5), (5.6) と同形式であることに気づく．

$$\dot{E}_x = \dot{A}e^{-\dot{\gamma}z} + \dot{B}e^{\dot{\gamma}z} \qquad (5.5)\text{ 再掲}$$

$$\dot{H}_y = \frac{\dot{\gamma}}{j\omega\mu}\dot{A}e^{-\dot{\gamma}z} - \frac{\dot{\gamma}}{j\omega\mu}\dot{B}e^{\dot{\gamma}z} \qquad (5.6)\text{ 再掲}$$

5.2 節では，式 (5.5)，(5.6) の右辺第 1 項，第 2 項がそれぞれ z の正および負の向きに伝搬する成分，すなわち，入射波および反射波であることを説明した．さらに，5.2 節で式 (5.5)，(5.6) の $\dot{\gamma}$ を<u>伝搬定数</u>と呼び，5.3 節で伝搬定数の正体を明らかにした．

　これと同様に考えると，式 (6.19)，(6.20) の右辺第 1 項，第 2 項はそれぞれ x の正および負の向きに伝搬する成分であることがわかる．そこで，式 (6.19)，(6.20) の右辺第 1 項，第 2 項をそれぞれ**入射波**，**反射波**と呼ぶことにする．

$$\dot{V}(x) = \underbrace{\dot{A}e^{-\sqrt{\dot{Z}\dot{Y}}\,x}}_{\text{入射波}} + \underbrace{\dot{B}e^{\sqrt{\dot{Z}\dot{Y}}\,x}}_{\text{反射波}} \qquad (6.19)\text{ 再掲}$$

$$\dot{I}(x) = \underbrace{\sqrt{\frac{\dot{Y}}{\dot{Z}}}\,\dot{A}e^{-\sqrt{\dot{Z}\dot{Y}}\,x}}_{\text{入射波}} - \underbrace{\sqrt{\frac{\dot{Y}}{\dot{Z}}}\,\dot{B}e^{\sqrt{\dot{Z}\dot{Y}}\,x}}_{\text{反射波}} \qquad (6.20)\text{ 再掲}$$

6.5 伝送線路の伝搬定数

6.5.1 減衰定数，位相定数

伝送線路上の電圧 $\dot{V}(x)$，電流 $\dot{I}(x)$ についての一般解を再掲しておこう．

$$\dot{V}(x) = \dot{A}e^{-\sqrt{\dot{Z}\dot{Y}}\,x} + \dot{B}e^{\sqrt{\dot{Z}\dot{Y}}\,x} \qquad (6.19\text{ 再掲})$$

$$\dot{I}(x) = \sqrt{\frac{\dot{Y}}{\dot{Z}}}\,\dot{A}e^{-\sqrt{\dot{Z}\dot{Y}}\,x} - \sqrt{\frac{\dot{Y}}{\dot{Z}}}\,\dot{B}e^{\sqrt{\dot{Z}\dot{Y}}\,x} \qquad (6.20\text{ 再掲})$$

ここで，前項で述べたとおり $\dot{\gamma} = \sqrt{\dot{Z}\dot{Y}}$ を**伝搬定数**と呼ぶことにしよう．一般に $\dot{Z}$，$\dot{Y}$ はいずれも複素数であるから，$\dot{\gamma}$ も複素数となる．5.3節と同様に，$\dot{\gamma}$ の実数部，虚数部をそれぞれ α，β とおくことにする．

$$\dot{\gamma} = \sqrt{\dot{Z}\dot{Y}} = \sqrt{(R+j\omega L)(G+j\omega C)} = \alpha + j\beta \qquad (6.21)$$

これより α，β を求めると，次式となる．

$$\alpha = \sqrt{\frac{\sqrt{(R^2+\omega^2 L^2)(G^2+\omega^2 C^2)} + (RG - \omega^2 LC)}{2}} \qquad (6.22)$$

$$\beta = \sqrt{\frac{\sqrt{(R^2+\omega^2 L^2)(G^2+\omega^2 C^2)} - (RG - \omega^2 LC)}{2}} \qquad (6.23)$$

また，式 (6.19)，(6.20) は α，β を用いて次のように表現できる．

$$\dot{V}(x) = \dot{A}e^{-\alpha x}e^{-j\beta x} + \dot{B}e^{\alpha x}e^{j\beta x}$$

$$\dot{I}(x) = \sqrt{\frac{\dot{Y}}{\dot{Z}}}\,\dot{A}e^{-\alpha x}e^{-j\beta x} - \sqrt{\frac{\dot{Y}}{\dot{Z}}}\,\dot{B}e^{\alpha x}e^{j\beta x}$$

ここで，入射波（x の正の向きに伝搬する波）である上式の右辺第 1 項に注目してみよう．式 (6.22) から $\alpha \geq 0$ であることがわかるが，$\alpha > 0$ ならば x が大きくなるにつれて $e^{-\alpha x}$ が小さくなる．つまり入射波は x の正の向きに伝搬するにつれて，その振幅が小さくなることを示しており，α は減衰に寄与する成分であることがわかる．このことから，5.2節の場合と同様に α を**減衰定数**と呼ぶ．一方，$e^{-j\beta x}$ は，いかなる x に対しても $|e^{-j\beta x}| = 1$ であるため，入射波の振幅に影響を与えることはないが，位置 x においては βx だけ位相が変化することを示している．つまり β は位置 x に対する位相の変化に寄与する成

分であるため**位相定数**と呼ぶ．

式 (6.19)，(6.20) の伝送線路上の電圧，電流分布の式は，伝搬定数 $\dot{\gamma}$ を用いると以下のように表現できる．

伝送線路上の電圧，電流分布

$$\dot{V}(x) = \dot{A}e^{-\dot{\gamma}x} + \dot{B}e^{\dot{\gamma}x} \tag{6.24}$$

$$\dot{I}(x) = \sqrt{\frac{\dot{Y}}{\dot{Z}}}\, \dot{A}e^{-\dot{\gamma}x} - \sqrt{\frac{\dot{Y}}{\dot{Z}}}\, \dot{B}e^{\dot{\gamma}x} \tag{6.25}$$

6.5.2 無損失線路の伝搬定数

信号が減衰しない伝送線路（無損失線路）の場合は $R = 0$，$G = 0$ であるので，式 (6.21)，(6.22)，(6.23) より，次の関係を得る．

無損失線路の伝搬定数

$$\dot{\gamma} = \sqrt{j\omega L \cdot j\omega C} = j\omega\sqrt{LC} = j\beta \quad (R=0,\ G=0 \text{ のとき})$$
$$\alpha = 0 \quad (R=0,\ G=0 \text{ のとき})$$
$$\beta = \omega\sqrt{LC} \quad (R=0,\ G=0 \text{ のとき})$$

ところで，6.4.1 項において，伝送線路を伝搬する電圧および電流の速度が $1/\sqrt{LC}$ であることを示した．これを適用すると，β は次のように表現できる．

$$\beta = \omega\sqrt{LC} = \frac{\omega}{\left(\frac{1}{\sqrt{LC}}\right)} = \frac{2\pi f}{v} = \frac{2\pi}{\lambda} \tag{6.26}$$

(f: 周波数，λ: 波長，v: 伝搬速度)

結局，無損失線路（$\dot{\gamma} = j\beta$）上の電圧，電流分布は，以下のように表現できる．

伝送線路上の電圧，電流分布（無損失線路の場合）

$$\dot{V}(x) = \dot{A}e^{-j\beta x} + \dot{B}e^{j\beta x} \tag{6.27}$$

$$\dot{I}(x) = \sqrt{\frac{\dot{Y}}{\dot{Z}}}\, \dot{A}e^{-j\beta x} - \sqrt{\frac{\dot{Y}}{\dot{Z}}}\, \dot{B}e^{j\beta x} \tag{6.28}$$

伝送線路を解析する際，煩雑さを避けるため，無損失線路と近似して考えることが少なくない．

6.6 伝送線路上の伝搬速度

6.4.1 項において，伝送線路上の電圧および電流の伝搬速度が $v = 1/\sqrt{LC}$ で与えられることを述べた．また，本章の冒頭 6.1 節において，高周波信号は電磁波として伝送線路を伝わることを述べた．伝送線路は導体とその周囲の媒質によって構成されているが，電磁波はその媒質部分を伝搬する．電磁波は導体に印加した電圧，電流によって生まれるから，電磁波の伝搬速度は電圧，電流の伝搬速度 $1/\sqrt{LC}$ と同じはずである．3.1.3 項において，電磁波の伝搬速度 v は，媒質の誘電率 ε，透磁率 μ によって決まることを述べた．

$$v = \frac{1}{\sqrt{\varepsilon\mu}} \qquad (3.7) 再掲$$

つまり，伝送線路上の電圧，電流，電磁波の伝搬速度は，伝送線路を構成する媒質によって決まることになる．また波数 k が次式となることを示した．

$$k = \frac{\omega}{v} = \frac{2\pi f}{v} = \frac{2\pi}{\lambda} \qquad (3.19) 再掲$$

これと式 (6.26) を比較すると，$\beta = k$ であることがわかる．

> **例題 6.1**
>
> 比誘電率 $\varepsilon_r = 4$ の誘電体（導電率 $\sigma = 0$，比透磁率 $\mu_r = 1$）が充填された同軸ケーブルを伝搬する周波数 1 GHz の電磁波の伝搬速度および波長を求めよ．なお，真空中の電磁波の伝搬速度は 3×10^8 m/s とする．

【解答】 電磁波は，同軸ケーブルの中心導体と外導体との間に充填された誘電体中を伝搬する．電磁波の伝搬速度 v は次式で与えられる．

$$v = \frac{1}{\sqrt{\varepsilon\mu}} = \frac{1}{\sqrt{\varepsilon_0\varepsilon_r\mu_0\mu_r}} = \frac{v_0}{\sqrt{\varepsilon_r\mu_r}}$$

ここで $v_0 = 1/\sqrt{\varepsilon_0\mu_0}$（真空中の電磁波の伝搬速度）である．$\varepsilon_r = 4$，$\mu_r = 1$，$v_0 = 3 \times 10^8$ を代入して

$$\therefore v = \frac{3 \times 10^8}{\sqrt{4 \times 1}} = 1.5 \times 10^8 \text{ [m/s]}$$

一方，周波数 f の電磁波の波長 λ は次式で与えられる．

$$\lambda = \frac{v}{f}$$

$v = 1.5 \times 10^8$，$f = 1 \times 10^9$ を代入して

$$\therefore \lambda = \frac{1.5 \times 10^8}{1 \times 10^9} = 0.15 \text{ [m]}$$

6.7 特性インピーダンス

伝搬定数が $\dot{\gamma}$ である伝送線路上の電圧，電流分布を再掲しよう．

$$\dot{V}(x) = \dot{A}e^{-\dot{\gamma}x} + \dot{B}e^{\dot{\gamma}x} \qquad (6.24) \text{再掲}$$

$$\dot{I}(x) = \sqrt{\frac{\dot{Y}}{\dot{Z}}}\,\dot{A}e^{-\dot{\gamma}x} - \sqrt{\frac{\dot{Y}}{\dot{Z}}}\,\dot{B}e^{\dot{\gamma}x} \qquad (6.25) \text{再掲}$$

これら 2 式の右辺の第 1 項，第 2 項を，それぞれ入射波，反射波と呼んだ．伝送線路をある方向に伝搬する電圧，電流の比を伝送線路の**特性インピーダンス**という．例えば，x の正の向きに伝搬する電圧，電流（つまり入射波）の比 $\dot{Z}_0$ は次のようになる．

特性インピーダンス

$$\dot{Z}_0 = \frac{\dot{A}e^{-\dot{\gamma}x}}{\sqrt{\frac{\dot{Y}}{\dot{Z}}}\,\dot{A}e^{-\dot{\gamma}x}} = \sqrt{\frac{\dot{Z}}{\dot{Y}}} = \sqrt{\frac{R+j\omega L}{G+j\omega C}} \qquad (6.29)$$

伝送線路上の電流分布の式 (6.25) は特性インピーダンス $\dot{Z}_0$ を用いて次のように表現できる．

$$\dot{I}(x) = \frac{1}{\dot{Z}_0}\left(\dot{A}e^{-\dot{\gamma}x} - \dot{B}e^{\dot{\gamma}x}\right) \qquad (6.30)$$

無損失線路の場合，$R=0$, $G=0$ であるので，特性インピーダンスは次式となる．

特性インピーダンス（無損失線路の場合）

$$\dot{Z}_0 = \sqrt{\frac{L}{C}} \qquad (6.31)$$

一般に，使用波長に対して非常に長い伝送線路を使用した場合，伝送線路の両端間で無視できない程度の損失を生ずるが，比較的短い伝送線路の場合は無損失線路として取り扱っても実用上問題ない場合が多いため，「無損失線路」という仮定はよく利用される．

なお，伝搬定数と特性インピーダンスは，伝送線路が有する R, L, G, C か

ら求められる．このことから R, L, G, C を伝送線路の**一次定数**といい，伝搬定数，特性インピーダンスを**二次定数**という．

> ■ **例題 6.2** ■
> 　無損失線路を伝搬する電磁波の伝搬速度と同線路の特性インピーダンスとの関係を示せ．なお，この線路が有する単位長さあたりのキャパシタンスは C とする．

【解答】 無損失線路を伝搬する電磁波の伝搬速度 v は次式で与えられる．

$$v = \frac{1}{\sqrt{LC}}$$

ここで L は線路が有する単位長さあたりのインダクタンスである．これより

$$L = \frac{1}{v^2 C}$$

一方，無損失線路の特性インピーダンス $\dot{Z}_0$ は次式で与えられる．

$$\dot{Z}_0 = \sqrt{\frac{L}{C}}$$

これに，先に求めた L を代入して

$$\dot{Z}_0 = \sqrt{\frac{\left(\frac{1}{v^2 C}\right)}{C}}$$

$$\therefore \quad \dot{Z}_0 = \frac{1}{vC}$$

■

● **伝送線路の特性インピーダンス** ●

　特性インピーダンスは，適切に信号を伝送するために必ず考慮しなければならない伝送線路の重要な電気的特性のひとつであり，接続するシステムや使用目的に応じて，適切な特性インピーダンスを有する伝送線路が利用される．例えば，家庭で使用されているテレビジョン放送受信用のアンテナ線（同軸ケーブル）は，その特性インピーダンスが $75\,\Omega$ で統一されている．一方，計測機器の多くは特性インピーダンス $50\,\Omega$ を基準インピーダンスとしている．特性インピーダンスや入出力インピーダンスが $50\,\Omega$，$75\,\Omega$ の機器で構成されたシステムを，それぞれ $50\,\Omega$ 系，$75\,\Omega$ 系という．

6.8 反射係数

前節において，伝送線路上の電圧および電流分布は次式となることを示した．

$$\dot{V}(x) = \dot{A}e^{-\dot{\gamma}x} + \dot{B}e^{\dot{\gamma}x} \quad (6.24) \text{再掲}$$

$$\dot{I}(x) = \frac{1}{\dot{Z}_0}\left(\dot{A}e^{-\dot{\gamma}x} - \dot{B}e^{\dot{\gamma}x}\right) \quad (6.30) \text{再掲}$$

上式から，伝送線路上の電圧および電流分布は**入射波**（第1項）と**反射波**（第2項）の重ね合わせによって生ずることがわかる．ある入射波に対してどの程度反射するかは，**反射係数**を用いて表現される．伝送線路上の反射係数は一般に入射波電圧と反射波電圧の比で表現される．

伝送線路上の反射係数

$$\dot{\Gamma}(x) = \frac{\dot{B}e^{\dot{\gamma}x}}{\dot{A}e^{-\dot{\gamma}x}} = \frac{\dot{B}}{\dot{A}}e^{2\dot{\gamma}x} \quad (6.32)$$

ドット記号が付与されていることからもわかるとおり，反射係数は大きさと位相の情報をもつ．つまり，入射波電圧に対する反射波電圧の大きさだけでなく，位相の違いも表現している．

負荷端における反射係数

一例として，伝送線路の終端位置（負荷端という）における反射係数を求めてみよう．伝送線路を解析する際の座標の設定の仕方は文献によって異なるが，本書では図 6.7 のように伝送線路の方向に x 軸を設定し，負荷端を原点 $x = 0$ とし，右向きに x の正の向きをとることにする．

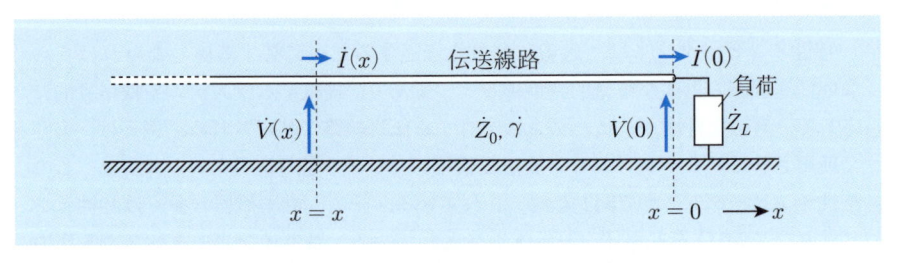

図 6.7 負荷が接続された伝送線路

6.8 反射係数

図 6.7 のように，負荷 $\dot{Z}_L$ で終端されている伝送線路（特性インピーダンス $\dot{Z}_0$，伝搬定数 $\dot{\gamma}$）において，負荷端（$x = 0$）における反射係数 $\dot{\Gamma}(0)$ は，次式となる．

$$\dot{\Gamma}(0) = \frac{\dot{B}}{\dot{A}} \tag{6.33}$$

負荷端 $x = 0$ における電圧，電流は，式 (6.24)，(6.30) より次式となる．

$$\dot{V}(0) = \dot{A} + \dot{B} \tag{6.34}$$

$$\dot{I}(0) = \frac{1}{\dot{Z}_0}\left(\dot{A} - \dot{B}\right) \tag{6.35}$$

また，負荷端において $\dot{V}(0) = \dot{Z}_L \dot{I}(0)$ となるため，これに式 (6.34)，(6.35) を代入すると次式を得る．

$$\dot{A} + \dot{B} = \frac{\dot{Z}_L}{\dot{Z}_0}\left(\dot{A} - \dot{B}\right)$$

整理して $\dot{B}/\dot{A}$ を得る．

負荷端における反射係数

$$\dot{\Gamma}(0) = \frac{\dot{B}}{\dot{A}} = \frac{\dot{Z}_L - \dot{Z}_0}{\dot{Z}_L + \dot{Z}_0} \tag{6.36}$$

これは，伝送線路の特性インピーダンス $\dot{Z}_0$ と負荷インピーダンス $\dot{Z}_L$ との関係が，反射の程度を決定することを意味する．例えば，$\dot{Z}_L$ と $\dot{Z}_0$ が等しいとき，$\dot{\Gamma}(0) = 0$ となり無反射の状態となる[†4]．

伝送線路上の任意の点における反射係数

伝送線路上の任意の点 $x = x$ における反射係数 $\dot{\Gamma}(x)$ は，前述のとおり，次式で与えられる．

$$\dot{\Gamma}(x) = \frac{\dot{B}e^{\dot{\gamma}x}}{\dot{A}e^{-\dot{\gamma}x}} = \frac{\dot{B}}{\dot{A}}e^{2\dot{\gamma}x} \tag{6.32 再掲}$$

$\dot{B}/\dot{A}$ は負荷端における反射係数であるから，式 (6.36) を代入すると次式のように $\dot{\Gamma}(x)$ が得られる．

[†4] 負荷で最大電力を得るための条件は $\dot{Z}_L = \dot{Z}_0^*$ である．

伝送線路上の任意の点における反射係数

$$\dot{\Gamma}(x) = \dot{\Gamma}(0)\, e^{2\dot{\gamma}x} \tag{6.37}$$

無損失線路の場合は減衰定数 $\alpha = 0$ であるので $\dot{\gamma} = j\beta$ となり，線路上の任意の点における反射係数 $\dot{\Gamma}(x)$ は次式となる．

無損失線路上の任意の点における反射係数

$$\dot{\Gamma}(x) = \dot{\Gamma}(0)\, e^{j2\beta x} \tag{6.38}$$

● **電圧反射係数と電流反射係数** ●

反射係数には式 (6.32) の**電圧反射係数**の他に**電流反射係数**がある．伝送線路上の電流反射係数は，入射波電流 $\dot{A}e^{-\dot{\gamma}x}/\dot{Z}_0$ と反射波電流 $-\dot{B}e^{\dot{\gamma}x}/\dot{Z}_0$ の比で定義される．

$$\dot{\Gamma}_I(x) = \frac{\left(-\dfrac{\dot{B}e^{\dot{\gamma}x}}{\dot{Z}_0}\right)}{\left(\dfrac{\dot{A}e^{-\dot{\gamma}x}}{\dot{Z}_0}\right)} = -\frac{\dot{B}}{\dot{A}}e^{2\dot{\gamma}x} = -\dot{\Gamma}(x)$$

反射係数といえば一般に電圧反射係数を指し，電流反射係数を用いるのは稀である．以後，本書では電圧反射係数を反射係数と呼ぶことにする．

6.9 定在波

6.9.1 反射波の有無と伝送線路上の振幅分布

前節で述べたように，伝送線路上の各点の電圧，電流は入射波と反射波を重ね合わせたものである．入射波と反射波の重ね合わせによって伝送線路上にどのような振幅分布が現れるのかを調べてみよう．

伝送線路上の電圧分布は次式で与えられる．

$$\dot{V}(x) = \dot{A}e^{-\dot{\gamma}x} + \dot{B}e^{\dot{\gamma}x} \qquad (6.24)\text{再掲}$$

負荷端における反射係数 $\dot{\Gamma}(0) = \dot{B}/\dot{A}$（式 (6.36)）より

$$\dot{V}(x) = \dot{A}\left(e^{-\dot{\gamma}x} + \dot{\Gamma}(0)e^{\dot{\gamma}x}\right)$$

ここで $\dot{\Gamma}(0) = |\dot{\Gamma}(0)|e^{j\phi}$ とおくと次式を得る．

$$\dot{V}(x) = \dot{A}\left(e^{-\dot{\gamma}x} + |\dot{\Gamma}(0)|e^{j\phi}e^{\dot{\gamma}x}\right)$$

この $\dot{V}(x)$ は複素ベクトル表示されていることからもわかるように，振幅と位相の情報が含まれている．今知りたいのは伝送線路上の<u>振幅分布</u>であるので，$\dot{V}(x)$ の実効値 $|\dot{V}(x)|$ を求めてみよう．

$$\begin{aligned}
|\dot{V}(x)| &= \left|\dot{A}\left(e^{-\dot{\gamma}x} + |\dot{\Gamma}(0)|e^{j\phi}e^{\dot{\gamma}x}\right)\right| \\
&= |\dot{A}||e^{-\dot{\gamma}x} + |\dot{\Gamma}(0)|e^{j\phi}e^{\dot{\gamma}x}| \\
&= |\dot{A}|\sqrt{e^{-2\alpha x} + |\dot{\Gamma}(0)|^2 e^{2\alpha x} + 2|\dot{\Gamma}(0)|\cos(2\beta x + \phi)} \quad (6.39)
\end{aligned}$$

ここで，右辺の $\cos(2\beta x + \phi)$ は $-1 \sim 1$ の値をとり，x に対して周期的に変化するから，伝送線路上で $|\dot{V}(x)|$ は波状に分布していることを示している．この分布はその場に留まり移動することはないが，一見波のように見えるため**定在波**と呼ばれている．

ここで反射波が発生しないように負荷を選ぶと $|\dot{\Gamma}(0)| = 0$ となるため，$|\dot{V}(x)|$ は次式となり，伝送線路上の電圧分布が波状ではなくなることがわかる．

$$|\dot{V}(x)| = |\dot{A}|\sqrt{e^{-2\alpha x}} \qquad (6.40)$$

このことから，定在波の様子を見ると，反射波の有無やその程度を知ることができる．

6.9.2 無損失線路の場合

無損失線路の場合，減衰定数 $\alpha = 0$ であるため，式 (6.39) より伝送線路上の電圧分布は次式となる．

$$|\dot{V}(x)| = |\dot{A}|\sqrt{1 + |\dot{\Gamma}(0)|^2 + 2|\dot{\Gamma}(0)|\cos(2\beta x + \phi)} \quad (6.41)$$

上式によると，$|\dot{\Gamma}(0)| \neq 0$（反射波あり）ならば，$\lambda/2$ の周期の波状の電圧分布が伝送線路上に現れ，無反射（$|\dot{\Gamma}(0)| = 0$）ならば周期的な分布が消えることがわかる（図 6.8 参照）．また，反射波がある場合，$|\dot{V}(x)|$ は $\cos(2\beta x + \phi) = 1$ のとき最大値 $|\dot{V}(x)|_{\max}$ となり，$\cos(2\beta x + \phi) = -1$ のとき最小値 $|\dot{V}(x)|_{\min}$ をとることがわかる．

$$|\dot{V}(x)|_{\max} = |\dot{A}|\sqrt{1 + |\dot{\Gamma}(0)|^2 + 2|\dot{\Gamma}(0)|} = |\dot{A}|\left(1 + |\dot{\Gamma}(0)|\right)$$

$$|\dot{V}(x)|_{\min} = |\dot{A}|\sqrt{1 + |\dot{\Gamma}(0)|^2 - 2|\dot{\Gamma}(0)|} = |\dot{A}|\left(1 - |\dot{\Gamma}(0)|\right)$$

ここで，$|\dot{V}(x)|_{\max}$ と $|\dot{V}(x)|_{\min}$ の比をとると，次式を得る．

$$\frac{|\dot{V}(x)|_{\max}}{|\dot{V}(x)|_{\min}} = \frac{|\dot{A}|\left(1 + |\dot{\Gamma}(0)|\right)}{|\dot{A}|\left(1 - |\dot{\Gamma}(0)|\right)} = \frac{1 + |\dot{\Gamma}(0)|}{1 - |\dot{\Gamma}(0)|} \quad (6.42)$$

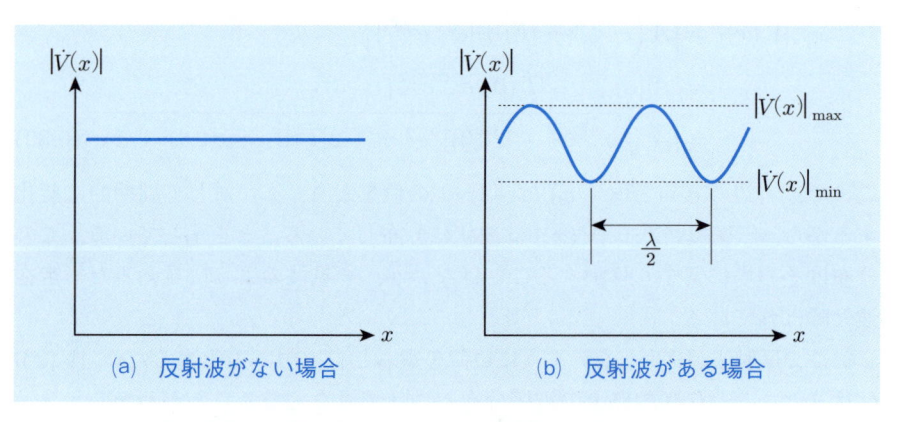

(a) 反射波がない場合　(b) 反射波がある場合

図 6.8　反射波の有無による伝送線路上の電圧分布の違い

6.9 定在波

これを**電圧定在波比**（**VSWR**）[†5]という。反射波がない場合，$|\dot{\Gamma}(0)| = 0$ となるので，VSWR は 1 となる。一方，負荷で全反射する場合は $|\dot{\Gamma}(0)| = 1$ となり VSWR は ∞ となる。このことから，反射係数と同様に，VSWR からも伝送線路上の反射の程度を知ることができる。なお，式 (6.42) からもわかるように VSWR はスカラ値である。したがって，VSWR から知ることができるのは反射の程度（反射波の大きさ）のみである。これに対し，ベクトル表示される反射係数 $\dot{\Gamma}(x)$ には位相の情報も含まれているため，反射波の位相が知りたい場合は反射係数を用いることになる。

> **例題 6.3**
> 特性インピーダンス $50\,\Omega$（$= 50 + j0$）の無損失線路が負荷インピーダンス $75\,\Omega$（$= 75 + j0$）の負荷で終端されているとき，負荷端における反射係数および VSWR を求めよ。

【解答】 負荷端（$x = 0$）における反射係数 $\dot{\Gamma}(0)$ は次式で与えられる。

$$\dot{\Gamma}(0) = \frac{\dot{Z}_L - \dot{Z}_0}{\dot{Z}_L + \dot{Z}_0}$$

$\dot{Z}_0 = 50$，$\dot{Z}_L = 75$ を代入して

$$\therefore\ \dot{\Gamma}(0) = \frac{75 - 50}{75 + 50} = 0.2$$

一方，VSWR は次式から得られる。

$$\mathrm{VSWR} = \frac{1 + |\dot{\Gamma}(0)|}{1 - |\dot{\Gamma}(0)|}$$

$|\dot{\Gamma}(0)| = 0.2$ を代入して

$$\therefore\ \mathrm{VSWR} = \frac{1 + 0.2}{1 - 0.2} = 1.5$$

[†5] "voltage standing wave ratio" の略称。

6.10 入力インピーダンス

6.10.1 伝送線路の入力インピーダンスとその特徴

図 6.9 のように，インピーダンス $\dot{Z}_L$ の負荷に伝送線路を接続した場合を考えよう．なお，本書では負荷端を $x = 0$ とし右向きに x の正の向きをとっていることに注意する．負荷端 $x = 0$ から負荷側を見たインピーダンス $\dot{Z}_\mathrm{in}(0)$ はもちろん $\dot{Z}_L$ であり，負荷端における電圧 $\dot{V}(0)$，電流 $\dot{I}(0)$ の比で与えられる．

$$\dot{Z}_\mathrm{in}(0) = \frac{\dot{V}(0)}{\dot{I}(0)} = \dot{Z}_L$$

ここで図 6.9 のように負荷 $\dot{Z}_L$ に伝送線路を接続し，さらに $x = x$ の位置から負荷側を見たインピーダンス $\dot{Z}_\mathrm{in}(x)$ は果たしていくらになるだろうか．もし，集中定数回路として考えられるならば，配線の長さを無視することができるので $\dot{Z}_\mathrm{in}(x) = \dot{Z}_L$ となるだろう．しかし，伝送線路を接続した場合（分布定数線路として考えなければならない場合），これまでに述べたとおり，伝送線路上には $\dot{V}(x), \dot{I}(x)$ なる電圧，電流分布が現れる（位置によって電圧，電流が異なる）ため，伝送線路上のどこでも $\dot{Z}_\mathrm{in}$ が一定になるとは限らない．伝送線路上の任意の点 $x = x$ から負荷側を見たインピーダンス $\dot{Z}_\mathrm{in}(x)$ を伝送線路の**入力インピーダンス**という．ここでは入力インピーダンスの振る舞いについて紹介しよう．

伝送線路上の位置 $x = x$ における電圧，電流が次式で表されるとする．

$$\dot{V}(x) = \dot{A}e^{-\dot{\gamma}x} + \dot{B}e^{\dot{\gamma}x} \qquad (6.24) \text{再掲}$$

$$\dot{I}(x) = \frac{1}{\dot{Z}_0}\left(\dot{A}e^{-\dot{\gamma}x} - \dot{B}e^{\dot{\gamma}x}\right) \qquad (6.30) \text{再掲}$$

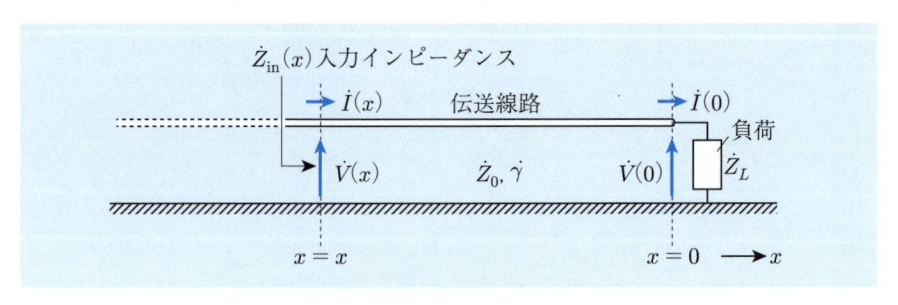

図 6.9　入力インピーダンス $\dot{Z}_\mathrm{in}$

6.10 入力インピーダンス

このとき，$x = x$ から負荷側をみた入力インピーダンス $\dot{Z}_{\text{in}}(x)$ は，$\dot{V}(x)$，$\dot{I}(x)$ の比で定義される．

$$\dot{Z}_{\text{in}}(x) = \frac{\dot{V}(x)}{\dot{I}(x)} = \dot{Z}_0 \frac{\dot{A}e^{-\dot{\gamma}x} + \dot{B}e^{\dot{\gamma}x}}{\dot{A}e^{-\dot{\gamma}x} - \dot{B}e^{\dot{\gamma}x}} \tag{6.43}$$

右辺分母子を $\dot{A}$ で割ると，$\dot{B}/\dot{A} = \dot{\Gamma}(0)$ より次式を得る．

$$\dot{Z}_{\text{in}}(x) = \dot{Z}_0 \frac{e^{-\dot{\gamma}x} + \dot{\Gamma}(0) e^{\dot{\gamma}x}}{e^{-\dot{\gamma}x} - \dot{\Gamma}(0) e^{\dot{\gamma}x}}$$

ここで $\dot{\Gamma}(0) = \frac{\dot{Z}_L - \dot{Z}_0}{\dot{Z}_L + \dot{Z}_0}$ を代入して整理すると，次式を得る．

$$\dot{Z}_{\text{in}}(x) = \dot{Z}_0 \frac{e^{-\dot{\gamma}x} + \frac{\dot{Z}_L - \dot{Z}_0}{\dot{Z}_L + \dot{Z}_0} e^{\dot{\gamma}x}}{e^{-\dot{\gamma}x} - \frac{\dot{Z}_L - \dot{Z}_0}{\dot{Z}_L + \dot{Z}_0} e^{\dot{\gamma}x}} = \dot{Z}_0 \frac{\dot{Z}_L \left(e^{-\dot{\gamma}x} + e^{\dot{\gamma}x}\right) + \dot{Z}_0 \left(e^{-\dot{\gamma}x} - e^{\dot{\gamma}x}\right)}{\dot{Z}_L \left(e^{-\dot{\gamma}x} - e^{\dot{\gamma}x}\right) + \dot{Z}_0 \left(e^{-\dot{\gamma}x} + e^{\dot{\gamma}x}\right)}$$

ここで以下の複素双曲線関数を利用する．

$$\sinh(\dot{\gamma}x) = \frac{e^{\dot{\gamma}x} - e^{-\dot{\gamma}x}}{2}, \quad \cosh(\dot{\gamma}x) = \frac{e^{\dot{\gamma}x} + e^{-\dot{\gamma}x}}{2}, \quad \tanh(\dot{\gamma}x) = \frac{\sinh(\dot{\gamma}x)}{\cosh(\dot{\gamma}x)}$$

これらを適用すると，次式を得る．

$$\dot{Z}_{\text{in}}(x) = \dot{Z}_0 \frac{2\dot{Z}_L \cosh(\dot{\gamma}x) - 2\dot{Z}_0 \sinh(\dot{\gamma}x)}{-2\dot{Z}_L \sinh(\dot{\gamma}x) + 2\dot{Z}_0 \cosh(\dot{\gamma}x)}$$

$$= \dot{Z}_0 \frac{\dot{Z}_L \cosh(\dot{\gamma}x) - \dot{Z}_0 \sinh(\dot{\gamma}x)}{\dot{Z}_0 \cosh(\dot{\gamma}x) - \dot{Z}_L \sinh(\dot{\gamma}x)}$$

これより，$x = x$ から負荷側を見た入力インピーダンス $\dot{Z}_{\text{in}}(x)$ は次式となる．

$$\therefore \quad \dot{Z}_{\text{in}}(x) = \dot{Z}_0 \frac{\dot{Z}_L - \dot{Z}_0 \tanh(\dot{\gamma}x)}{\dot{Z}_0 - \dot{Z}_L \tanh(\dot{\gamma}x)} \tag{6.44}$$

ここで，図 6.10 のように，負荷端から ℓ [m] 離れた位置から負荷側を見た入力インピーダンス $\dot{Z}_{\text{in}}(-\ell)$ を求めてみよう．本書では負荷端を $x = 0$ とし右向きに x の正の向きをとっているので，入力インピーダンスを求める伝送線路上の位置は $x = -\ell$ であることに注意する．式 (6.44) に $x = -\ell$ を代入すると，次式を得る．

$x = -\ell$ から負荷側を見た入力インピーダンス

$$\dot{Z}_{\text{in}}(-\ell) = \dot{Z}_0 \frac{\dot{Z}_L + \dot{Z}_0 \tanh(\dot{\gamma}\ell)}{\dot{Z}_0 + \dot{Z}_L \tanh(\dot{\gamma}\ell)} \tag{6.45}$$

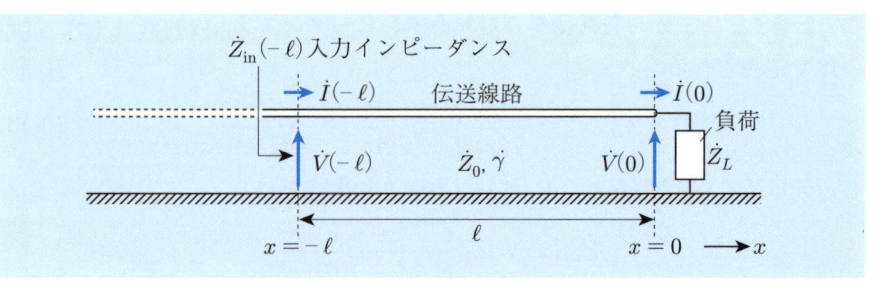

図 6.10 負荷端から ℓ [m] 離れた位置から負荷側を見た入力インピーダンス $\dot{Z}_{\text{in}}(-\ell)$

式 (6.45) より，入力インピーダンスは負荷からの距離 ℓ に依存することがわかる．また，ℓ が一定でも伝搬定数 $\dot{\gamma}$ は周波数に依存するため，使用周波数によっても入力インピーダンスが変化することがわかる．

6.10.2 無損失線路の場合

無損失線路の伝搬定数 $\dot{\gamma}$ は $j\beta$ （$\alpha = 0$）となる．このとき $\tanh(j\beta\ell)$ は

$$\tanh(j\beta\ell) = \frac{\sinh(j\beta\ell)}{\cosh(j\beta\ell)} = \frac{\left(\frac{e^{j\beta\ell}-e^{-j\beta\ell}}{2}\right)}{\left(\frac{e^{j\beta\ell}+e^{-j\beta\ell}}{2}\right)} = \frac{j\sin(\beta\ell)}{\cos(\beta\ell)} = j\tan(\beta\ell)$$

となる．これを式 (6.45) に適用すると，負荷端から ℓ [m] 離れた位置から負荷側を見た入力インピーダンス $\dot{Z}_{\text{in}}(-\ell)$ は次のように求まる．

$x = -\ell$ から負荷側を見た入力インピーダンス（無損失線路の場合）

$$\dot{Z}_{\text{in}}(-\ell) = \dot{Z}_0 \frac{\dot{Z}_L + j\dot{Z}_0 \tan(\beta\ell)}{\dot{Z}_0 + j\dot{Z}_L \tan(\beta\ell)} \tag{6.46}$$

式 (6.46) に基づいて，負荷のインピーダンス $\dot{Z}_L$ と入力インピーダンス $\dot{Z}_{\text{in}}$ の関係を調べてみよう．

整合終端（$\dot{Z}_L = \dot{Z}_0$）のとき

式 (6.46) 右辺に $\dot{Z}_L = \dot{Z}_0$ を代入すると次式を得る．

$$\dot{Z}_{\text{in}}(-\ell) = \dot{Z}_0 \frac{\dot{Z}_0 + j\dot{Z}_0 \tan(\beta\ell)}{\dot{Z}_0 + j\dot{Z}_0 \tan(\beta\ell)} = \dot{Z}_0$$

6.10 入力インピーダンス

負荷インピーダンス $\dot{Z}_L$ が伝送線路の特性インピーダンス $\dot{Z}_0$ に等しいとき，入力インピーダンス $\dot{Z}_{\text{in}}$ は $\dot{Z}_0$ となり，負荷からの距離 ℓ とは無関係に一定となる．入力インピーダンスは式 (6.43) のように入射波と反射波を含めた電圧と電流の比で定義されるが，$\dot{Z}_L = \dot{Z}_0$ ならば負荷端で反射が生じないため，入射波だけの比となり，特性インピーダンスの定義と同じになる．入力インピーダンス $\dot{Z}_{\text{in}}$ と特性インピーダンス $\dot{Z}_0$ が等しくなるのは，このためである．また初期条件 $\dot{Z}_L = \dot{Z}_0$ から，$\dot{Z}_{\text{in}}$ は ℓ に関係なく $\dot{Z}_L$ にも等しくなる．このとき伝送線路は，どのような長さを挿入しても入力インピーダンスが変わらない，いわば「延長ケーブル」のような役割を果たしていることになる．家庭でテレビジョン受像機にアンテナ線を接続する際，アンテナ線の長さを気にすることはないが，これはテレビジョン受像機（負荷）のインピーダンスとアンテナ線（伝送線路）の特性インピーダンスがともに $75\,\Omega$ に統一されているためである．

短絡終端（$\dot{Z}_L = 0$）のとき

この状態は，伝送線路の終端を短絡した状態に相当する．式 (6.46) 右辺に $\dot{Z}_L = 0$ を代入すると次式を得る．

$$\dot{Z}_{\text{in}}(-\ell) = \dot{Z}_0 \frac{0 + j\dot{Z}_0 \tan(\beta\ell)}{\dot{Z}_0 + 0} = j\dot{Z}_0 \tan(\beta\ell)$$

この結果，$\dot{Z}_{\text{in}}$ は ℓ の増加にともなって交互に誘導性，容量性を示すようになる（図 6.11）．特に $\ell = \lambda/4$ に注目すると $|\dot{Z}_{\text{in}}| = \infty$ となっており，$\dot{Z}_L = 0$

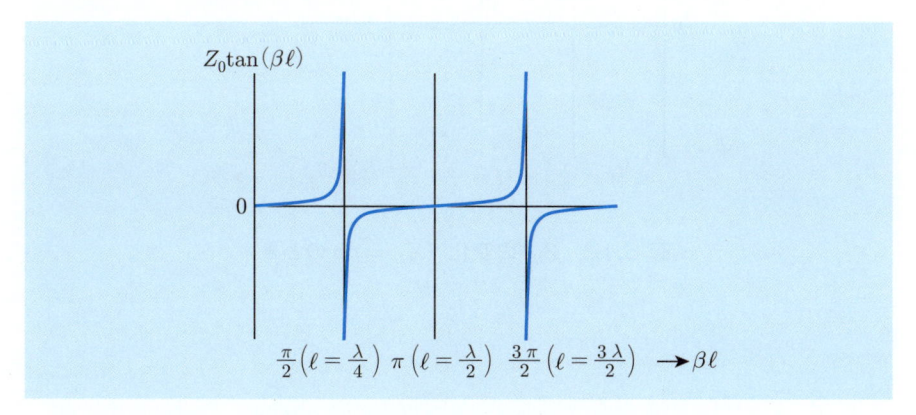

図 6.11 $\dot{Z}_{\text{in}}$ の変化（$\dot{Z}_L = 0$ のとき）

であっても，負荷に接続する伝送線路の長さによって，負荷とは正反対の特性を示すことがわかる．

開放終端（$\dot{Z}_L = \infty$）のとき

この状態は，伝送線路の終端を開放した状態に相当する．式 (6.46) 右辺の分母分子を $\dot{Z}_L$ で割る．

$$\dot{Z}_{\text{in}}(-\ell) = \dot{Z}_0 \frac{\dot{Z}_L + j\dot{Z}_0 \tan(\beta\ell)}{\dot{Z}_0 + j\dot{Z}_L \tan(\beta\ell)} = \dot{Z}_0 \frac{1 + j\frac{\dot{Z}_0}{\dot{Z}_L} \tan(\beta\ell)}{\frac{\dot{Z}_0}{\dot{Z}_L} + j \tan(\beta\ell)}$$

ここで $\dot{Z}_L \to \infty$ とすると次式を得る．

$$\dot{Z}_{\text{in}}(-\ell) = \frac{\dot{Z}_0}{j\tan(\beta\ell)} = -j\dot{Z}_0 \cot(\beta\ell)$$

これより，$\dot{Z}_{\text{in}}$ は開放された終端から $\ell = \lambda/4$ 離れるごとに容量性，誘導性を交互に示すことになり（図 6.12），特に $\ell = \lambda/4$ に注目すると，$\dot{Z}_{\text{in}} = 0$ となることがわかる．つまり，この場合も負荷に接続する伝送線路の長さによって，$\dot{Z}_{\text{in}}$ が大きく変化することになる．

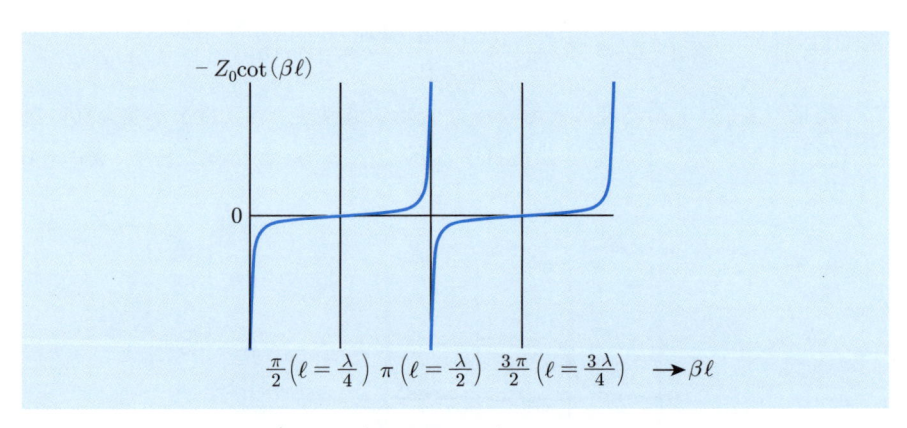

図 6.12 $\dot{Z}_{\text{in}}$ の変化（$\dot{Z}_L = \infty$ のとき）

6章の問題

☐ **6.1** 伝送線路を周波数 750 MHz の高周波信号が伝搬している．この線路に比誘電率 4 の誘電体媒質（導電率 $\sigma = 0$，透磁率 μ_0）をもつ無損失線路を挿入し，信号を 90° 移相させたい場合，挿入する無損失線路の長さを求めよ．なお，真空における電磁波の伝搬速度は 3×10^8 m/s とする．

☐ **6.2** 負荷インピーダンス $200 + j0$ [Ω] で終端されている特性インピーダンス $50 + j0$ [Ω] の伝送線路に，周波数 600 MHz の高周波信号が伝搬している場合，負荷端から ℓ [m] 離れた伝送線路上の点における反射係数の大きさを求めよ．また，負荷側を見た入力インピーダンスが負荷インピーダンスと等しくなる負荷端から最も近い伝送線路上の点を求めよ．なお，伝送線路を構成する媒質は空気であり，空気中の電磁波の伝搬速度は 3×10^8 m/s とする．

第7章

電磁界の求め方

　これまで，マクスウェルの電磁方程式を基礎として，電磁波の波動としての性質を明らかにしてきた．電磁波を有効に利用するためには，アンテナなどから放射された電磁波が周囲にどのような電磁界を形成するかを知ることが重要である．ここでは，次章にも関連する電磁界の求め方の基礎について紹介する．近年，複雑なモデル周辺の電磁界を導出するにあたり電磁界解析シミュレータが多用されているが，電磁界の発生メカニズムを明らかにするためには，シミュレータに頼らず理論的に電磁界を解析することが肝要である．

7.1 静電界，直流磁界の求め方

時間的に変動する電磁界を求める方法を学ぶ前に，まずはその基礎として静電界，直流磁界の求め方を復習しておこう．

7.1.1 スカラポテンシャルを用いた静電界の求め方

電気磁気学を学び始めて間もない時期に，多くの読者は，クーロンの法則やガウスの法則を用いて，点電荷が作る静電界を求める問題を解く演習をしたであろう．これらの法則は普遍的なものであるので，基本的にどのようなモデルに対しても適用できるが，実際にこれらの法則を適用して容易に静電界を計算することができるのは，電荷分布が対称的である場合など，シンプルなモデルに限られてくる．静電界を求めるための一般的手法としては，求めたい点（観測点）の電位の勾配から静電界を求める方法が挙げられる．

静電界 $\boldsymbol{E}$ に置かれた電荷 q は $\boldsymbol{F} = q\boldsymbol{E}$ なるクーロン力を受ける．つまり，単位正電荷（+1 [C]）あたりに働くクーロン力がその点の静電界 $\boldsymbol{E}$ である．この静電界に逆らって単位正電荷を点 A から点 B まで運ぶのに必要な仕事は次のように書ける．

$$V = -\int_A^B \boldsymbol{E} \cdot d\boldsymbol{r}$$

この V を点 A-B 間の**電位差**という．電位差 V は点 A の電位 V_A と点 B の電位 V_B との差 $V_B - V_A$ であるから，一方の電位が既知であれば，他方の電位が定義できる．例えば V_A が既知であれば V_B は以下のように求められる．

$$V_B = V_A - \int_A^B \boldsymbol{E} \cdot d\boldsymbol{r}$$

基準となる点 A として $V_A = 0$ となる無限遠点が選ばれることがあるが，電位が既知の点ならばどこを基準にとってもかまわない．

次に，次式のような均一な静電界 $\boldsymbol{E}$ 中で単位正電荷を運ぶことを考えよう．

$$\boldsymbol{E} = \mathbf{e}_x E_x + \mathbf{e}_y E_y + \mathbf{e}_z E_z \tag{7.1}$$

基準点 O(0,0,0) から位置ベクトル $\boldsymbol{r} = \mathbf{e}_x x + \mathbf{e}_y y + \mathbf{e}_z z$ の点 P(x,y,z) まで単位正電荷を運ぶのに要する仕事 V は $-\boldsymbol{E} \cdot \boldsymbol{r}$ から求められる（均一な静電界を仮定しているので積分する必要はない）．

7.1 静電界，直流磁界の求め方

$$V = -\boldsymbol{E} \cdot \boldsymbol{r} = -E_x x - E_y y - E_z z$$

ここで V を x, y, z で偏微分すると次式が得られる．

$$\frac{\partial V}{\partial x} = -E_x, \qquad \frac{\partial V}{\partial y} = -E_y, \qquad \frac{\partial V}{\partial z} = -E_z$$

これらを式 (7.1) に代入すると，静電界 $\boldsymbol{E}$ は次のようにかける．

$$\boldsymbol{E} = -\mathbf{e}_x \frac{\partial V}{\partial x} - \mathbf{e}_y \frac{\partial V}{\partial y} - \mathbf{e}_z \frac{\partial V}{\partial z} = -\left(\mathbf{e}_x \frac{\partial V}{\partial x} + \mathbf{e}_y \frac{\partial V}{\partial y} + \mathbf{e}_z \frac{\partial V}{\partial z} \right)$$

つまり，静電界と電位との間で次のような関係が成立する．

電位の傾き

$$\boldsymbol{E} = -\nabla V \tag{7.2}$$

これは「観測点の電位 V がわかれば，その点の静電界 $\boldsymbol{E}$ は V の勾配から求まる」ということを示している．

例題 7.1
ある点の電位が $x + 3y + 2z$ で与えられるとき，この点の電界を求めよ．

【解答】 静電界 $\boldsymbol{E}$ と電位 V の関係は次式で与えられる．

$$\boldsymbol{E} = -\nabla V$$

$V = x + 3y + 2z$ を代入して

$$\boldsymbol{E} = -\left(\mathbf{e}_x \frac{\partial V}{\partial x} + \mathbf{e}_y \frac{\partial V}{\partial y} + \mathbf{e}_z \frac{\partial V}{\partial z} \right)$$
$$= -\mathbf{e}_x - 3\mathbf{e}_y - 2\mathbf{e}_z$$
$$\therefore\ E_x = -1, \qquad E_y = -3, \qquad E_z = -2$$

では，電位 V はどのようにして得られるのだろうか．2.1.1 項において，ガウスの法則の微分形を紹介した．

$$\nabla \cdot \boldsymbol{D} = \rho \tag{2.3 再掲}$$

ここで $\boldsymbol{D}$, ρ はそれぞれ観測点の電束密度，電荷密度である．媒質の誘電率を ε とすると $\boldsymbol{D} = \varepsilon \boldsymbol{E}$ より

$$\nabla \cdot \boldsymbol{E} = \frac{\rho}{\varepsilon} \tag{7.3}$$

となる．前に述べたとおり，静電界は電位の傾きから得られるので，式 (7.2) を上式 (7.3) に代入すると，次式が得られる．

$$\nabla \cdot (-\nabla V) = \frac{\rho}{\varepsilon}$$

ここで $\nabla \cdot \nabla$（ラプラシアン）を ∇^2 とおくと，次式が得られる．

ポアソンの方程式

$$\nabla^2 V = -\frac{\rho}{\varepsilon} \tag{7.4}$$

また，観測点に電荷がなければ $\rho = 0$ より次式を得る．

ラプラスの方程式

$$\nabla^2 V = 0 \tag{7.5}$$

ポアソンの方程式またはラプラスの方程式を解くことにより，観測点の電位 V を求め，電位の勾配から電界 $\boldsymbol{E}$ を求めることができる．この V を**スカラポテンシャル**という．

ところで，2.1.3 項で述べたとおり，静電界の場合は時間的に変動しないため以下の関係が成立する．

$$\nabla \times \boldsymbol{E} = \boldsymbol{0} \tag{2.13 再掲}$$

これに式 (7.2) で示した関係 $\boldsymbol{E} = -\nabla V$ を代入すると，次式が得られる．

$$\nabla \times (-\nabla V) = \boldsymbol{0}$$

$$\therefore \quad \nabla \times \nabla V \equiv \boldsymbol{0} \tag{7.6}$$

ベクトル解析によると，この関係は恒等的に成立するため，$\boldsymbol{E} = -\nabla V$ であるならば必ず $\nabla \times \boldsymbol{E} = \boldsymbol{0}$ となる．言い換えれば $\boldsymbol{E} = -\nabla V$ から静電界 $\boldsymbol{E}$ を求めることができるのは $\nabla \times \boldsymbol{E} = \boldsymbol{0}$ が成立するとき，という制限がついていることになる．

7.1.2 スカラポテンシャルを用いた直流磁界の求め方

静電界の場合と同じように，直流磁界もスカラポテンシャルから求めることができれば便利である．すなわち，スカラポテンシャルとして**磁位** U なるものを定義できれば，磁位の傾きから直流磁界 $\boldsymbol{H}$ を求められることになる．

7.1 静電界，直流磁界の求め方

$$H = -\nabla U$$

前項で述べたように，静電界の場合は $\nabla \times E = 0$ なる制限があった．これと同様に，スカラポテンシャルから直流磁界を求めようとする場合，次のような制限があるはずである．

$$\nabla \times H = 0 \tag{7.7}$$

2.1.2 項において，アンペアの法則の微分形を紹介した．

$$\nabla \times H = i \tag{2.5 再掲}$$

これは，ある観測点における磁界 H と電流 i の関係を示したものであり，観測点に i がない場合，式 (7.7) となる．つまり式 (7.7) の制限により，電流 i の存在する点では磁位から磁界を求める手法を適用することができない．

7.1.3 ベクトルポテンシャルを用いた直流磁界の求め方

スカラポテンシャル U を用いて直流磁界を得るには，$\nabla \times H = 0$ なる制限があり，電流の存在する領域では求めることができなかった．ここでは，新たにベクトルポテンシャルを導入し，電流の存在する領域において直流磁界を求めてみる．

2.1.2 項において，磁界に関するガウスの法則を紹介した．

$$\nabla \cdot B = 0 \tag{2.7 再掲}$$

電流の周囲にできる直流磁界は，ある点波源から生まれるようなものではなく，始点，終点をもたず閉じているため，上式 (2.7) の関係は常に成立する．また，ベクトル解析によると，次の関係が恒等的に成立する．

$$\nabla \cdot (\nabla \times A) = 0 \tag{7.8}$$

もし，$B = \nabla \times A$ なる A が見つかれば，B を直接求めなくても，A の回転をとることにより B を得ることができる．この A をベクトルポテンシャルという．以下に電流 i が作るベクトルポテンシャル A を求めてみる．

$B = \nabla \times A$ の両辺の回転をとると，次式を得る．

$$\nabla \times B = \nabla \times (\nabla \times A) \tag{7.9}$$

上式 (7.9) 左辺はアンペアの法則より $\nabla \times B = \mu(\nabla \times H) = \mu i$ である．一方，ベクトル解析によると式 (7.9) 右辺については次の関係が恒等的に成立する．

$$\nabla \times (\nabla \times A) \equiv \nabla(\nabla \cdot A) - \nabla^2 A$$

ここで右辺の ∇^2 はベクトルラプラシアンである．これより，式 (7.9) は次の

ように書ける．
$$\mu i = \nabla(\nabla \cdot A) - \nabla^2 A$$
ここで $\nabla \cdot A = 0$ とする（クーロンゲージという）と，次の関係が得られる．
$$\nabla^2 A = -\mu i$$
これを A について解くと，ベクトルポテンシャルが得られる．ここで $A = \mathbf{e}_x A_x + \mathbf{e}_y A_y + \mathbf{e}_z A_z$ とおき，各成分ごとに表示すると以下のようになる．

$$\nabla^2 A_x = -\mu i_x, \qquad \nabla^2 A_y = -\mu i_y, \qquad \nabla^2 A_z = -\mu i_z \tag{7.10}$$

ここで ∇^2 はラプラシアンである．これらの式は前に述べたポアソンの方程式 (7.4) とよく似た形をしていることに気づく．

$$\nabla^2 V = -\frac{\rho}{\varepsilon} \qquad \text{(7.4) 再掲}$$

そこで，図 7.1(a) のように体積 v の空間に電荷密度 ρ で電荷が分布しているモデルを考えてみよう．微小体積 dv 内に含まれる電荷 $\rho\,dv$ が r 離れた点 P に作る電位は

$$-\int_\infty^{\mathrm{P}} E \cdot d r = \frac{\rho\,dv}{4\pi\varepsilon r}$$

であるので，これを体積 v で積分すると，点 P の電位 V が得られる．

$$V = \frac{1}{4\pi\varepsilon} \int_v \frac{\rho}{r}\,dv \tag{7.11}$$

これより，上式はポアソンの方程式 (7.4) の解であることがわかる．

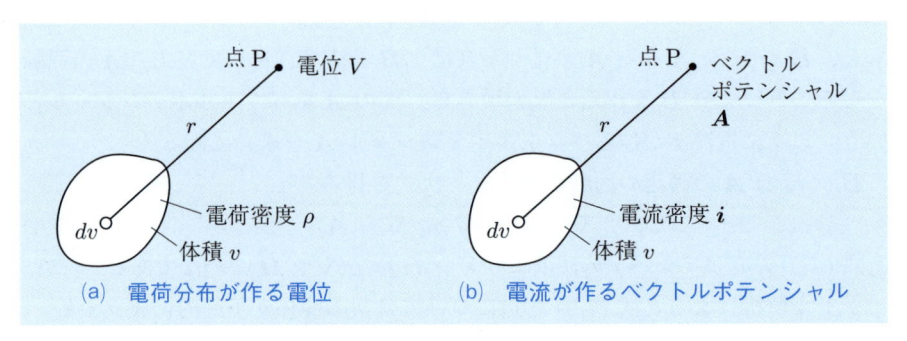

(a) 電荷分布が作る電位　　(b) 電流が作るベクトルポテンシャル

図 7.1　波源の作るポテンシャル

7.1 静電界，直流磁界の求め方

ポアソンの方程式 (7.4) とその解である式 (7.11) との関係と同様に，式 (7.4) と同じような形をしている式 (7.10) の解は以下のようになると考えられる．

$$A_x = \frac{\mu}{4\pi}\int_v \frac{i_x}{r}\,dv, \qquad A_y = \frac{\mu}{4\pi}\int_v \frac{i_y}{r}\,dv, \qquad A_z = \frac{\mu}{4\pi}\int_v \frac{i_z}{r}\,dv \quad (7.12)$$

これより，電流 i が与えられると，i から r 離れた観測点に作られるベクトルポテンシャル $\boldsymbol{A}$ が求まるので，$\nabla \times \boldsymbol{A}$ より磁界を求めることができる．

■ 例題 7.2 ■

y 軸に沿って直流電流 I が $y=-a$ から $y=a$ まで流れているとき，観測点 $\mathrm{P}(x,y,z)$ におけるベクトルポテンシャルを求めよ．

【解答】 y 方向の電流 i_y が，電流から r 離れた位置に作るベクトルポテンシャルは次式で与えられる．

$$A_y = \frac{\mu}{4\pi}\int_v \frac{i_y}{r}\,dv$$

電流 I の位置は $(x',y',z')=(0,y',0)$ である．
$i_y = I$, $r=\sqrt{(x-x')^2+(y-y')^2+(z-z')^2}$ を代入して

$$A_y = \frac{\mu}{4\pi}\int_{-a}^{a} \frac{I}{\sqrt{(x-x')^2+(y-y')^2+(z-z')^2}}\,dy'$$

$$= \frac{\mu I}{4\pi}\int_{-a}^{a} \frac{dy'}{\sqrt{x^2+(y-y')^2+z^2}}$$

$$\therefore\quad A_x = 0, \qquad A_y = \frac{\mu I}{4\pi}\int_{-a}^{a} \frac{dy'}{\sqrt{x^2+(y-y')^2+z^2}}, \qquad A_z = 0 \quad \blacksquare$$

7.2 動的電磁界の求め方

次に，動的な（時間的に変動する）場である電磁界の求め方を紹介しよう．静電界，直流磁界の場合と同様に，スカラポテンシャル，ベクトルポテンシャルを用いる手法について述べる．

7.2.1 ポテンシャルを用いた電磁界の求め方

まず，マクスウェルの電磁方程式を再掲しよう．

$$\nabla \cdot \boldsymbol{D} = \rho \qquad (2.3)\text{再掲}$$

$$\nabla \times \boldsymbol{E} = -\frac{\partial \boldsymbol{B}}{\partial t} \qquad (2.12)\text{再掲}$$

$$\nabla \cdot \boldsymbol{B} = 0 \qquad (2.7)\text{再掲}$$

$$\nabla \times \boldsymbol{H} = \boldsymbol{i} + \frac{\partial \boldsymbol{D}}{\partial t} \qquad (2.16)\text{再掲}$$

動的な場の場合も $\nabla \cdot \boldsymbol{B} = 0$ が成立するので，恒等的に成立する式 (7.8) を用いると，7.1.3 項の場合と同様に，**ベクトルポテンシャル $\boldsymbol{A}$** さえ求まれば次式から磁界を得ることができる．

$$\boldsymbol{B} = \nabla \times \boldsymbol{A} \qquad (7.13)$$

一方，電界を求めるにあたり，まず式 (7.13) をマクスウェルの第二電磁方程式 (2.12) の右辺に代入してみる．

$$\nabla \times \boldsymbol{E} = -\frac{\partial}{\partial t}(\nabla \times \boldsymbol{A}) = -\nabla \times \left(\frac{\partial \boldsymbol{A}}{\partial t}\right)$$

$$\therefore \quad \nabla \times \left(\boldsymbol{E} + \frac{\partial \boldsymbol{A}}{\partial t}\right) = 0 \qquad (7.14)$$

ここで 7.1.1 項で紹介した式 (7.6) を思い出そう．

$$\nabla \times \nabla V \equiv \boldsymbol{0} \qquad (7.6)\text{再掲}$$

これは恒等式であり，いかなるスカラ値 V に対しても成立する．もちろん $-V$ に対しても成立する[†]．

$$\nabla \times (-\nabla V) = \boldsymbol{0} \qquad (7.15)$$

式 (7.14), (7.15) から，次式を得る．

[†]あえて負号をつけたのは，スカラポテンシャルとなる V を 7.1.1 項の電位の傾きの式 (7.2) と符合させるためである．

7.2 動的電磁界の求め方

$$E + \frac{\partial A}{\partial t} = -\nabla V$$

$$\therefore \quad E = -\frac{\partial A}{\partial t} - \nabla V \tag{7.16}$$

この V をスカラポテンシャルと呼ぶことにする．これより，ベクトルポテンシャル A とスカラポテンシャル V がわかれば，式 (7.16) から電界 E が求められることになる．

7.2.2 ベクトルポテンシャルの導出

時間的に変化する伝導電流が流れると，その周囲に磁界ができる．この磁界は時間的に変動するため，ファラデーの電磁誘導則により電界を生む．この電界も時間的に変動するため，アンペア–マクスウェルの法則により再び磁界を生む．これを繰り返すことにより電磁波が生まれることを，2 章において説明した．つまり，時間的に変動する伝導電流が電磁界を生む源になる．そこで伝導電流 i が作る電磁界を考えてみよう．

電磁界とベクトルポテンシャル，スカラポテンシャルとの関係を再掲しよう．

$$B = \nabla \times A \tag{7.13 再掲}$$

$$E = -\frac{\partial A}{\partial t} - \nabla V \tag{7.16 再掲}$$

上式から，次式を得る．

$$H = \frac{1}{\mu}(\nabla \times A), \quad D = -\varepsilon\frac{\partial A}{\partial t} - \varepsilon\nabla V$$

これらをアンペア–マクスウェルの法則の式 (2.16) に代入すると，次式を得る．

$$\nabla \times \left\{\frac{1}{\mu}(\nabla \times A)\right\} = i + \frac{\partial}{\partial t}\left(-\varepsilon\frac{\partial A}{\partial t} - \varepsilon\nabla V\right)$$

両辺に μ を掛けて整理すると次式を得る．

$$\nabla \times \nabla \times A = \mu i - \varepsilon\mu\frac{\partial^2 A}{\partial t^2} + \nabla\left(-\varepsilon\mu\frac{\partial V}{\partial t}\right)$$

さらにベクトル公式 $\nabla \times \nabla \times A = \nabla(\nabla \cdot A) - \nabla^2 A$ を上式左辺に代入すると，次式を得る．

$$\nabla(\nabla \cdot A) - \nabla^2 A = \mu i - \varepsilon\mu\frac{\partial^2 A}{\partial t^2} + \nabla\left(-\varepsilon\mu\frac{\partial V}{\partial t}\right) \tag{7.17}$$

ここで上式 (7.17) の左辺第 1 項と右辺第 3 項に着目してみよう．もし

$$\nabla \cdot \boldsymbol{A} = -\varepsilon\mu \frac{\partial V}{\partial t} \tag{7.18}$$

なる関係が成立するとき，式 (7.17) は次のようになる．

$$-\nabla^2 \boldsymbol{A} = \mu \boldsymbol{i} - \varepsilon\mu \frac{\partial^2 \boldsymbol{A}}{\partial t^2}$$

$$\therefore \quad \nabla^2 \boldsymbol{A} - \frac{1}{v^2} \frac{\partial^2 \boldsymbol{A}}{\partial t^2} = -\mu \boldsymbol{i} \tag{7.19}$$

ここで $v = 1/\sqrt{\varepsilon\mu}$（電磁波の伝搬速度）である．この方程式を解くことにより，ベクトルポテンシャル $\boldsymbol{A}$ を得ることができる．この偏微分方程式は，これまでの波動方程式などとは異なり，右辺が 0 でない．このように右辺が 0 でない偏微分方程式は非同次の偏微分方程式と呼ばれ，その取り扱いはやや複雑となる．

ローレンツ条件

式 (7.19) を得るにあたり，以下のように仮定した．

$$\nabla \cdot \boldsymbol{A} = -\varepsilon\mu \frac{\partial V}{\partial t} \qquad \text{(7.18) 再掲}$$

式 (7.13) の $\boldsymbol{B} = \nabla \times \boldsymbol{A}$ は磁界とベクトルポテンシャル $\boldsymbol{A}$ の関係を示しているが，これだけでは $\boldsymbol{A}$ は一意には決まらない．ヘルムホルツの定理によると $\boldsymbol{A}$ を一意に決めるためには，$\boldsymbol{A}$ の回転 ($\nabla \times \boldsymbol{A}$) と発散 ($\nabla \cdot \boldsymbol{A}$) を決める必要がある．そこで $\nabla \cdot \boldsymbol{A}$ を式 (7.18) のように仮定することにより，$\boldsymbol{A}$ の任意性を抑えているのである．式 (7.18) の条件をローレンツ条件といい，ローレンツ条件のもとで得られたポテンシャルをローレンツゲージでのポテンシャルという．

以下では，式 (7.19) をもとに，電流源 i が観測点 P に作るベクトルポテンシャル $\boldsymbol{A}$ を導出する．図 7.2 に示すように，電流源 i の位置および観測点 P の位置ベクトルをそれぞれ $\boldsymbol{r}'$，$\boldsymbol{r}$ とし，i は 1 箇所のみに存在しているのではなく，考えている空間内に分布しているものとする．

7.2 動的電磁界の求め方

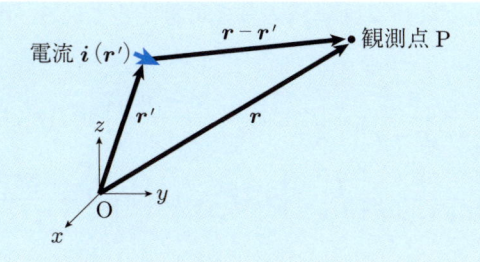

図 7.2 電流源 i と観測点の位置（i は空間内に分布）

$$\begin{cases} 観測点\mathrm{P}の位置 & \boldsymbol{r} = (x, y, z) \\ 電流源の位置 & \boldsymbol{r}' = (x', y', z') \end{cases}$$

ここで $\boldsymbol{A} = \mathbf{e}_x A_x + \mathbf{e}_y A_y + \mathbf{e}_z A_z$, $\boldsymbol{i} = \mathbf{e}_x i_x + \mathbf{e}_y i_y + \mathbf{e}_z i_z$ とおき, 式 (7.19) を x, y, z の各成分ごとに表示すると, 次の 3 つの非同次の偏微分方程式が得られる.

$$\nabla^2 A_x - \frac{1}{v^2}\frac{\partial^2 A_x}{\partial t^2} = -\mu i_x \quad \cdots \quad (1)$$

$$\nabla^2 A_y - \frac{1}{v^2}\frac{\partial^2 A_y}{\partial t^2} = -\mu i_y \quad \cdots \quad (2) \qquad (7.20)$$

$$\nabla^2 A_z - \frac{1}{v^2}\frac{\partial^2 A_z}{\partial t^2} = -\mu i_z \quad \cdots \quad (3)$$

これら 3 つの方程式はいずれも同じ形式であるので, ここでは式 (7.20)(1) を A_x について解いてみることにしよう. ここでは**グリーン関数**を用いて解いてみることにする. なお, グリーン関数については付録 C.1 に簡潔にまとめたので, そちらを参照されたい.

式 (7.20)(1) のグリーン関数を $G(\boldsymbol{r}, t; \boldsymbol{r}', t')$ とすると, 式 (7.20)(1) の解 $A_x(\boldsymbol{r}, t)$ は次式となることが知られている.

$$A_x(\boldsymbol{r}, t) = \iint G(\boldsymbol{r}, t; \boldsymbol{r}', t') \mu i_x(\boldsymbol{r}', t') \, d\boldsymbol{r}' \, dt' \qquad (7.21)$$

ここで上式右辺のグリーン関数 $G(\boldsymbol{r}, t; \boldsymbol{r}', t')$ は次式で与えられる.

$$G(\boldsymbol{r}, t; \boldsymbol{r}', t') = \frac{1}{4\pi|\boldsymbol{r} - \boldsymbol{r}'|} \delta\left(t - t' - \frac{|\boldsymbol{r} - \boldsymbol{r}'|}{v}\right) \qquad (7.22)$$

この $G(\boldsymbol{r},t;\boldsymbol{r}',t')$ を式 (7.21) に代入して計算すると，$A_x(\boldsymbol{r},t)$ が次式のように得られる．

$$A_x(\boldsymbol{r},t) = \iint \left\{ \frac{1}{4\pi|\boldsymbol{r}-\boldsymbol{r}'|} \delta\left(t-t'-\frac{|\boldsymbol{r}-\boldsymbol{r}'|}{v}\right) \mu i_x(\boldsymbol{r}',t') \right\} d\boldsymbol{r}'\, dt'$$

$$= \frac{\mu}{4\pi} \int \frac{1}{|\boldsymbol{r}-\boldsymbol{r}'|} \left[\int_{-\infty}^{\infty} \left\{ i_x(\boldsymbol{r}',t')\delta\left(t-t'-\frac{|\boldsymbol{r}-\boldsymbol{r}'|}{v}\right) \right\} dt' \right] d\boldsymbol{r}'$$

$$= \frac{\mu}{4\pi} \int \frac{i_x\left(\boldsymbol{r}', t - \frac{|\boldsymbol{r}-\boldsymbol{r}'|}{v}\right)}{|\boldsymbol{r}-\boldsymbol{r}'|} d\boldsymbol{r}'$$

$$\therefore\; A_x(\boldsymbol{r},t) = \frac{\mu}{4\pi} \int \frac{i_x\left(\boldsymbol{r}', t - \frac{|\boldsymbol{r}-\boldsymbol{r}'|}{v}\right)}{|\boldsymbol{r}-\boldsymbol{r}'|} d\boldsymbol{r}'$$

ここで上式の右辺を見ると i_x の時刻が $t-(|\boldsymbol{r}-\boldsymbol{r}'|/v)$ であることに気付く．これは電流源の位置と観測点が $|\boldsymbol{r}-\boldsymbol{r}'|$ だけ離れているため，電流 i_x が流れてから観測点 P にベクトルポテンシャル A_x ができるまで，$(|\boldsymbol{r}-\boldsymbol{r}'|/v)$ の時間遅れがあることを示している．言い換えれば，時刻 t でのベクトルポテンシャルは，時刻 $t-(|\boldsymbol{r}-\boldsymbol{r}'|/v)$ に流れた電流によるものであることを示している．このようなベクトルポテンシャルを**遅延ベクトルポテンシャル**という．

このようにして，電流源 $i_x(\boldsymbol{r}',t')$ が観測点 P に作るベクトルポテンシャル $A_x(\boldsymbol{r},t)$ を得ることができる．同様の手順でベクトルポテンシャルの残りの 2 成分 $A_y(\boldsymbol{r},t)$，$A_z(\boldsymbol{r},t)$ が次式のように得られる．

遅延ベクトルポテンシャル $\boldsymbol{A}(\boldsymbol{r},t)$ の各成分（時間領域での表示）

$$A_x(\boldsymbol{r},t) = \frac{\mu}{4\pi} \int \frac{i_x\left(\boldsymbol{r}', t - \frac{|\boldsymbol{r}-\boldsymbol{r}'|}{v}\right)}{|\boldsymbol{r}-\boldsymbol{r}'|} d\boldsymbol{r}'$$

$$A_y(\boldsymbol{r},t) = \frac{\mu}{4\pi} \int \frac{i_y\left(\boldsymbol{r}', t - \frac{|\boldsymbol{r}-\boldsymbol{r}'|}{v}\right)}{|\boldsymbol{r}-\boldsymbol{r}'|} d\boldsymbol{r}' \quad (7.23)$$

$$A_z(\boldsymbol{r},t) = \frac{\mu}{4\pi} \int \frac{i_z\left(\boldsymbol{r}', t - \frac{|\boldsymbol{r}-\boldsymbol{r}'|}{v}\right)}{|\boldsymbol{r}-\boldsymbol{r}'|} d\boldsymbol{r}'$$

ここで　$|\boldsymbol{r}-\boldsymbol{r}'| = \sqrt{(x-x')^2 + (y-y')^2 + (z-z')^2}$

7.2 動的電磁界の求め方

式 (7.23) は時間領域の表示であるが，電磁界が角周波数 ω で正弦波的に時間変化する場合は，ベクトル記号法を用いて複素ベクトル表示することができる．

電流 i_x の時刻は $t - (|\boldsymbol{r} - \boldsymbol{r}'|/v)$ であるから，以下のような位相のズレがあることに注意する．

$$-\omega \frac{|\boldsymbol{r} - \boldsymbol{r}'|}{v} = -2\pi \frac{|\boldsymbol{r} - \boldsymbol{r}'|}{\lambda} = -k|\boldsymbol{r} - \boldsymbol{r}'|$$

すると，複素ベクトル表示された遅延ベクトルポテンシャル $\dot{\boldsymbol{A}}$ の各成分が得られる．

遅延ベクトルポテンシャル $\dot{\boldsymbol{A}}(\boldsymbol{r})$ の各成分（複素ベクトル表示）

$$\begin{aligned}
\dot{A}_x(\boldsymbol{r}) &= \frac{\mu}{4\pi} \int \frac{\dot{I}_x(\boldsymbol{r}') e^{-jk|\boldsymbol{r} - \boldsymbol{r}'|}}{|\boldsymbol{r} - \boldsymbol{r}'|} d\boldsymbol{r}' \\
\dot{A}_y(\boldsymbol{r}) &= \frac{\mu}{4\pi} \int \frac{\dot{I}_y(\boldsymbol{r}') e^{-jk|\boldsymbol{r} - \boldsymbol{r}'|}}{|\boldsymbol{r} - \boldsymbol{r}'|} d\boldsymbol{r}' \\
\dot{A}_z(\boldsymbol{r}) &= \frac{\mu}{4\pi} \int \frac{\dot{I}_z(\boldsymbol{r}') e^{-jk|\boldsymbol{r} - \boldsymbol{r}'|}}{|\boldsymbol{r} - \boldsymbol{r}'|} d\boldsymbol{r}'
\end{aligned} \quad (7.24)$$

ここで $\dot{I}_x$, $\dot{I}_y$, $\dot{I}_z$ は i_x, i_y, i_z の複素ベクトル表示である．

電流が与えられると式 (7.23) または (7.24) から観測点 $\mathrm{P}(x,y,z)$ における遅延ベクトルポテンシャルが得られるので，式 (7.13) に代入すると点 P の磁界を得ることができる．

● グリーン関数の導入について ●

平面波の反射や屈折などの問題では電磁波の波源（放射源）を含めて考える必要はなかった．つまり考察対象となる領域内にはアンテナ等の放射源は存在せず，領域外から到来した電磁波のみが存在している状況での電波伝搬現象を取り扱ってきた．この場合の波動方程式は右辺が 0 であった．これに対してアンテナ（放射源）が考察対象の領域内に存在する場合は，波動方程式の右辺は 0 とはならず，式 (7.20) のように波源分布を表す関数項で表される．前者の場合の波動方程式を同次微分方程式，後者を非同次（または非斉次）微分方程式と呼んでいる．アンテナの問題を考える場合は，この非同次微分方程式を解かなければならない．この方程式の解を表す一つの手段としてグリーン関数が導入される．

7.2.3 スカラポテンシャルの導出

次に，スカラポテンシャルを導出しよう．電界とスカラポテンシャルとの関係を再掲する．

$$\boldsymbol{E} = -\frac{\partial \boldsymbol{A}}{\partial t} - \nabla V \qquad (7.16) \text{ 再掲}$$

両辺の発散をとると，

$$\nabla \cdot \boldsymbol{E} = \nabla \cdot \left(-\frac{\partial \boldsymbol{A}}{\partial t} - \nabla V \right) \qquad (7.25)$$

ここでガウスの法則（微分形）より

$$\nabla \cdot \boldsymbol{E} = \frac{\rho}{\varepsilon} \qquad \text{式 (2.3) 再掲}$$

であるので，式 (7.25) と式 (2.3) から次式が得られる．

$$\nabla \cdot \left(-\frac{\partial \boldsymbol{A}}{\partial t} - \nabla V \right) = \frac{\rho}{\varepsilon}$$

$$\therefore \ -\frac{\partial}{\partial t}(\nabla \cdot \boldsymbol{A}) - \nabla^2 V = \frac{\rho}{\varepsilon} \qquad (7.26)$$

ここで，上式 (7.26) にローレンツ条件の式 (7.18) を代入してみよう．

$$\text{ローレンツ条件} \quad \nabla \cdot \boldsymbol{A} = -\varepsilon\mu \frac{\partial V}{\partial t} \qquad (7.18) \text{ 再掲}$$

すると次式が得られる．

$$-\frac{\partial}{\partial t}\left(-\varepsilon\mu \frac{\partial V}{\partial t} \right) - \nabla^2 V = \frac{\rho}{\varepsilon}$$

$$\therefore \ \nabla^2 V - \frac{1}{v^2}\frac{\partial^2 V}{\partial t^2} = -\frac{\rho}{\varepsilon} \qquad (7.27)$$

この方程式を解くことにより，スカラポテンシャル V を得ることができる．

ここで式 (7.27) と，前項の式 (7.20) とを見比べると同形式であることに気付く．つまり，式 (7.20) の A_x, A_y, A_z を V に，また式 (7.20) の μi_x, μi_y, μi_z を ρ/ε に置き換えたにすぎないので，以下のような**遅延スカラポテンシャル** V がただちに得られる．

遅延スカラポテンシャル $V(\boldsymbol{r}, t)$（時間領域での表示）

$$V(\boldsymbol{r}, t) = \frac{1}{4\pi\varepsilon} \int \frac{\rho\left(\boldsymbol{r}', t - \frac{|\boldsymbol{r}-\boldsymbol{r}'|}{v}\right)}{|\boldsymbol{r}-\boldsymbol{r}'|} d\boldsymbol{r}' \tag{7.28}$$

ここで $|\boldsymbol{r}-\boldsymbol{r}'| = \sqrt{(x-x')^2 + (y-y')^2 + (z-z')^2}$

遅延ベクトルポテンシャルの場合と同様に，電磁界が角周波数 ω で正弦波的に時間変化する場合は，ベクトル記号法を用いて複素ベクトル表示することができる．

遅延スカラポテンシャル $\dot{V}(\boldsymbol{r})$（複素ベクトル表示）

$$\dot{V}(\boldsymbol{r}) = \frac{1}{4\pi\varepsilon} \int \frac{\dot{\rho}(\boldsymbol{r}')\, e^{-jk|\boldsymbol{r}-\boldsymbol{r}'|}}{|\boldsymbol{r}-\boldsymbol{r}'|} d\boldsymbol{r}' \tag{7.29}$$

ここで $\dot{\rho}$ は ρ の複素ベクトル表示である．電荷が与えられると式 (7.28) または (7.29) から観測点 $\mathrm{P}(x,y,z)$ における遅延スカラポテンシャルが得られるので，前項で得られた遅延ベクトルポテンシャルとともに式 (7.27) に代入すると点 P の電界が求められる．

7章の問題

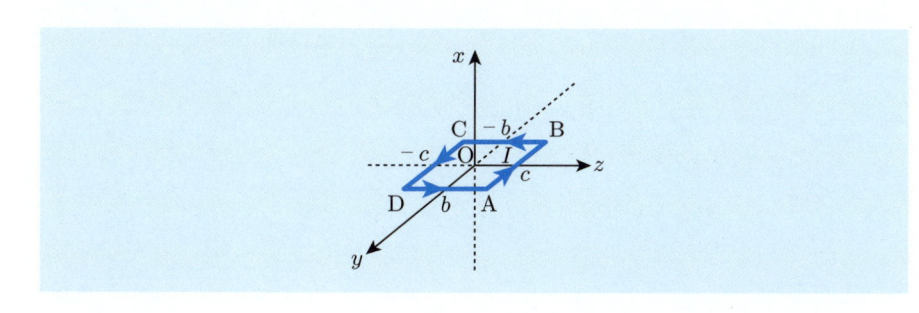

☐ **7.1** 下図に示すように y-z 平面上を環状に流れる直流電流 I が観測点 $\mathrm{P}(x,y,z)$ に作るベクトルポテンシャルを求めよ．

第8章

アンテナの基礎

　電波を用いた放送や通信は，送信機で作られた高周波の電気信号を電磁波として空間に放射し，これを送信点から遠く離れた場所で受信することにより実現している．空間に電磁波を効率よく放射したり，受信したりする際に用いられるのがアンテナである．アンテナは空間に配置されることから空中線とも呼ばれる．本章では，アンテナから放射される電磁界の一例を示すとともに，アンテナの特性を示すさまざまな指標を紹介する．

8.1 アンテナの種類と特徴

電波通信を行う際，送信側では6章で述べたような伝送線路を介して送信機にアンテナを接続する．これにより送信機からの高周波信号によってアンテナが励振され，アンテナから電磁波が放射される．仮に伝送線路の先にアンテナを接続しなくても周辺には伝送線路から漏洩した電磁界が発生するが，効率よく電磁波を空間に放射することができない．したがってアンテナは，伝送線路と空間とをつなぐインタフェースとも考えられる．

アンテナにはさまざまな種類のものがあり，アンテナのもつ特性が各々異なるため，使用目的に応じて適切なアンテナが採用される．表8.1は実用化されている代表的なアンテナをまとめたものである．建造物の屋上に設置されている地上ディジタルテレビジョン放送受信用の魚の骨のような形状のアンテナは，八木・宇田アンテナ[†]と呼ばれる．また，皿のような金属板をもつアンテナはパラボラアンテナ，オフセットパラボラアンテナであり，その鋭い指向性を利用して衛星放送の送受信のほか，電波天文などにも利用されている．自動車に搭載される無線設備のアンテナとしては，車体を接地面として使用するホイップアンテナがよく利用される．

表8.1 さまざまなアンテナ

実用的なアンテナの例	特徴，主な用途など
半波長ダイポールアンテナ	相対利得の基準アンテナ
ホイップアンテナ	移動体通信など
ループアンテナ	方向探知機など
八木・宇田アンテナ	地上ディジタルテレビジョン放送受信用など
パラボラアンテナ	電波天文，衛星通信，衛星放送受信用など
カセグレンアンテナ	電波天文，放送中継設備など

[†] 東北帝国大学教授の八木博士，宇田博士が開発した日本生まれのアンテナである．

8.2 微小電流源が作る電磁界

アンテナが作る電磁界は，アンテナを構成する素子（アンテナ素子）上の電流分布から電磁ポテンシャルを用いて求めることができる．ここでは，前章で学んだ電磁ポテンシャルを用いて，微小な電流が周囲に作る電磁界を求めてみよう．

遅延ベクトルポテンシャルの導出

前章では，電磁界を求めたい位置（観測点）の遅延ベクトルポテンシャル $\dot{\boldsymbol{A}}$ がわかれば，次式から観測点の磁界を得ることができることを説明した．

$$\dot{\boldsymbol{B}} = \nabla \times \dot{\boldsymbol{A}} \tag{8.1}$$

この $\dot{\boldsymbol{A}}$ を知るためには，$\dot{\boldsymbol{A}}$ を生み出す放射源――電流の分布がわかればよい．すなわち，

$$\dot{A}_x(\boldsymbol{r}) = \frac{\mu}{4\pi} \int \frac{\dot{I}_x(\boldsymbol{r}')\, e^{-jk|\boldsymbol{r}-\boldsymbol{r}'|}}{|\boldsymbol{r}-\boldsymbol{r}'|} \, d\boldsymbol{r}'$$

$$\dot{A}_y(\boldsymbol{r}) = \frac{\mu}{4\pi} \int \frac{\dot{I}_y(\boldsymbol{r}')\, e^{-jk|\boldsymbol{r}-\boldsymbol{r}'|}}{|\boldsymbol{r}-\boldsymbol{r}'|} \, d\boldsymbol{r}' \quad\quad \text{(7.24) 再掲}$$

$$\dot{A}_z(\boldsymbol{r}) = \frac{\mu}{4\pi} \int \frac{\dot{I}_z(\boldsymbol{r}')\, e^{-jk|\boldsymbol{r}-\boldsymbol{r}'|}}{|\boldsymbol{r}-\boldsymbol{r}'|} \, d\boldsymbol{r}'$$

ここで $\boldsymbol{r} = (x, y, z)$，$\boldsymbol{r}' = (x', y', z')$ は，それぞれ観測点および電流源の位置ベクトルである．上式 (7.24) で $\dot{I}_x(\boldsymbol{r}')$，$\dot{I}_y(\boldsymbol{r}')$，$\dot{I}_z(\boldsymbol{r}')$ がわかりさえすれば $\dot{A}_x$，$\dot{A}_y$，$\dot{A}_z$ が得られるので，$\dot{\boldsymbol{A}} = \mathbf{e}_x \dot{A}_x + \mathbf{e}_y \dot{A}_y + \mathbf{e}_z \dot{A}_z$ を式 (8.1) に代入することにより，磁界を得ることができるわけである．

ここでは，図 8.1 のように原点 O に置かれた微小電流源が作る電磁界を求めてみよう．この電流は微小な区間 ℓ（$z' = -\ell/2 \sim \ell/2$）にわたって z 軸方向に流れており，この区間内において電流の大きさは I_m 一定であるとする．このとき，電流分布は次のように表現できる．

$$\dot{I}_x(\boldsymbol{r}') = 0$$
$$\dot{I}_y(\boldsymbol{r}') = 0$$
$$\dot{I}_z(\boldsymbol{r}') = I_m$$

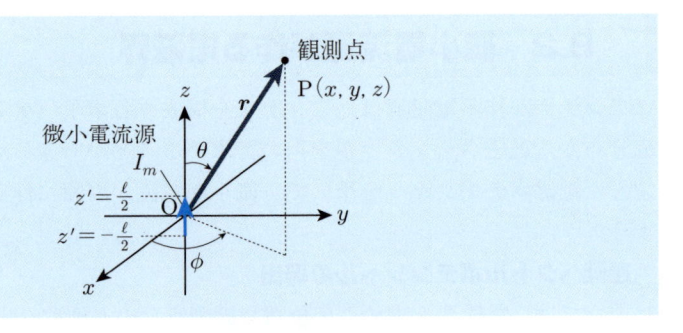

図 8.1 微小電流源の配置位置

すると，観測点 P の遅延ベクトルポテンシャル $\dot{\boldsymbol{A}}(x,y,z)$ は，次式のようになり，z 成分 $\dot{A}_z(x,y,z)$ のみであることがわかる．

$$\dot{A}_x(x,y,z) = 0$$
$$\dot{A}_y(x,y,z) = 0$$
$$\dot{A}_z(x,y,z) = \frac{\mu}{4\pi}\int_{-\ell/2}^{\ell/2} \frac{I_m e^{-jk\sqrt{x^2+y^2+(z-z')^2}}}{\sqrt{x^2+y^2+(z-z')^2}}\,dz'$$

ここで ℓ は微小であるので，$\sqrt{x^2+y^2+(z-z')^2} \approx \sqrt{x^2+y^2+z^2} = r$，つまり電流源は原点 O にあると考えてよい．このとき，上の第3式右辺の被積分関数は z' の関数ではなくなるため，次式が得られる．

$$\begin{aligned}\dot{A}_x(x,y,z) &= 0 \\ \dot{A}_y(x,y,z) &= 0 \\ \dot{A}_z(x,y,z) &= \frac{\mu \ell I_m}{4\pi r}e^{-jkr}\end{aligned} \quad (8.2)$$

これらを式 (8.1) に代入し，回転をとることにより，観測点 P の磁界が求まる．

ところで，電波を強く放射する方向はアンテナの原理や構造，形状によって大きく異なる．方向に対するアンテナの放射特性は球座標を用いた方が表現しやすく，わかりやすい．そこで，式 (8.2) のように直交座標系で表現された遅延ベクトルポテンシャルを球座標系に変換することにしよう．付録の式 (A.4) を用いると，直交座標系で表現された遅延ベクトルポテンシャルの各成分は，以下のように球座標系で表現できる．

8.2 微小電流源が作る電磁界

$$\dot{A}_r = \dot{A}_x \sin\theta \cos\phi + \dot{A}_y \sin\theta \sin\phi + \dot{A}_z \cos\theta = \frac{\mu \ell I_m \cos\theta}{4\pi r} e^{-jkr}$$

$$\dot{A}_\theta = \dot{A}_x \cos\theta \cos\phi + \dot{A}_y \cos\theta \sin\phi - \dot{A}_z \sin\theta = -\frac{\mu \ell I_m \sin\theta}{4\pi r} e^{-jkr}$$

$$\dot{A}_\phi = -\dot{A}_x \sin\phi + \dot{A}_y \cos\phi = 0$$

微小電流源が作る遅延ベクトルポテンシャル（球座標系）

$$\begin{aligned}
\dot{A}_r &= \frac{\mu \ell I_m \cos\theta}{4\pi r} e^{-jkr} \\
\dot{A}_\theta &= -\frac{\mu \ell I_m \sin\theta}{4\pi r} e^{-jkr} \\
\dot{A}_\phi &= 0
\end{aligned} \tag{8.3}$$

$\dot{A}_r$ と $\dot{A}_\theta$ は r と θ の関数であることがわかる．これらを成分にもつ $\dot{\boldsymbol{A}}$ の回転をとることにより，磁界が得られる．

磁界の導出

式 (8.3) のように球座標系で表示された遅延ベクトルポテンシャル $\dot{\boldsymbol{A}}$ が得られたので，次に磁界を求めてみよう．付録の式 (B.6) を適用すると，球座標系で示された $\dot{\boldsymbol{A}}$ の回転，つまり $\dot{\boldsymbol{B}}$ が得られる．

$$\begin{aligned}
&\dot{\boldsymbol{B}}(r,\theta,\phi) \\
&= \nabla \times \dot{\boldsymbol{A}}(r,\theta,\phi) \\
&= \frac{\mathbf{e}_r}{r\sin\theta}\left\{\frac{\partial}{\partial\theta}\left(\dot{A}_\phi \sin\theta\right) - \frac{\partial \dot{A}_\theta}{\partial\phi}\right\} + \frac{\mathbf{e}_\theta}{r}\left\{\frac{1}{\sin\theta}\frac{\partial \dot{A}_r}{\partial\phi} - \frac{\partial}{\partial r}\left(r\dot{A}_\phi\right)\right\} \\
&\qquad + \frac{\mathbf{e}_\phi}{r}\left\{\frac{\partial}{\partial r}\left(r\dot{A}_\theta\right) - \frac{\partial \dot{A}_r}{\partial \theta}\right\} \\
&= \mathbf{e}_\phi \left(jk\frac{\mu \ell I_m \sin\theta}{4\pi r} e^{-jkr} + \frac{\mu \ell I_m \sin\theta}{4\pi r^2} e^{-jkr}\right)
\end{aligned}$$

ここで r, θ の各成分は $\dot{B}_r$, $\dot{B}_\theta$ はともに 0 である．

微小電流源が作る磁界

$$\dot{B}_r = 0$$
$$\dot{B}_\theta = 0 \tag{8.4}$$
$$\dot{B}_\phi = jk\frac{\mu\ell I_m \sin\theta}{4\pi r}e^{-jkr} + \frac{\mu\ell I_m \sin\theta}{4\pi r^2}e^{-jkr}$$

上式によると，微小電流源が作る磁界は式 (8.4) 第 3 式で示された ϕ 成分 $\dot{B}_\phi$ だけであることがわかる．また，式 (8.4) 第 3 式によると $\dot{B}_\phi$ は r と θ の関数であるが，ϕ には無関係であることがわかる．これは，微小電流源が z 軸に沿って流れており（図 8.1 参照），磁界は角度 ϕ とは無関係に z 軸を中心とした同心円状に分布するためである．また式 (8.4) 第 3 式の右辺に注目すると第 1 項は $1/r$，第 2 項は $1/r^2$ の関数であることがわかる．r は原点 O（電流源の位置）から観測点 P までの距離であるから，観測点が電流源から遠ざかるにつれて，第 2 項の振幅は第 1 項に比べて大きく減衰することを示している．また，第 2 項を見ると，ビオ–サバールの法則に従う磁界成分であることがわかるだろう．この第 2 項を**誘導界**という．これに対し，第 1 項は比較的遠方まで伝わる成分であり**放射界**といわれる．

電界の導出

次に，電界を求めてみよう．マクスウェルの第一電磁方程式（アンペア–マクスウェルの法則）を利用すれば容易に求められる．

$$\nabla \times \dot{H} = (\sigma + j\omega\varepsilon)\dot{E} \qquad \text{式 (2.21) 再掲}$$

これより $\dot{E}$ は次式で与えられる．

$$\dot{E} = \frac{\nabla \times \dot{H}}{\sigma + j\omega\varepsilon}$$

$\dot{B} = \mu\dot{H}$ であり，無損失媒質であれば $\sigma = 0$ であるので

$$\therefore \quad \dot{E} = \frac{1}{j\omega\varepsilon\mu}\left(\nabla \times \dot{B}\right) \tag{8.5}$$

上式 (8.5) に先に求めた磁界を代入すれば，観測点 P の電界を得ることができる．

まず，上式右辺の $\nabla \times \dot{B}$ を求めよう．付録の式 (B.6) を適用すると，式 (8.4) で与えられた $\dot{B}$（球座標系による表示）の回転が得られる．

8.2 微小電流源が作る電磁界

$$\nabla \times \dot{\boldsymbol{B}}(r,\theta,\phi)$$
$$= \frac{\mathbf{e}_r}{r\sin\theta}\left\{\frac{\partial}{\partial\theta}\left(\dot{B}_\phi \sin\theta\right) - \frac{\partial \dot{B}_\theta}{\partial\phi}\right\} + \frac{\mathbf{e}_\theta}{r}\left\{\frac{1}{\sin\theta}\frac{\partial \dot{B}_r}{\partial\phi} - \frac{\partial}{\partial r}\left(r\dot{B}_\phi\right)\right\}$$
$$+ \frac{\mathbf{e}_\phi}{r}\left\{\frac{\partial}{\partial r}\left(r\dot{B}_\theta\right) - \frac{\partial \dot{B}_r}{\partial\theta}\right\}$$
$$= \mathbf{e}_r \left(jk\frac{\mu\ell I_m \cos\theta}{2\pi r^2}e^{-jkr} + \frac{\mu\ell I_m \cos\theta}{2\pi r^3}e^{-jkr}\right)$$
$$+ \mathbf{e}_\theta \left\{-k^2\frac{\mu\ell I_m \sin\theta}{4\pi r}e^{-jkr} + (jkr+1)\frac{\mu\ell I_m \sin\theta}{4\pi r^3}e^{-jkr}\right\}$$

ここで $\nabla \times \dot{\boldsymbol{B}}$ の ϕ 成分は 0 である．これを式 (8.5) に代入すると，次式のように電界 $\dot{\boldsymbol{E}}$ の各成分が得られる．

微小電流源が作る電界

$$\dot{E}_r = -j\frac{1}{\omega\varepsilon\mu}\left(jk\frac{\mu\ell I_m \cos\theta}{2\pi r^2}e^{-jkr} + \frac{\mu\ell I_m \cos\theta}{2\pi r^3}e^{-jkr}\right)$$
$$= \frac{k\ell I_m \cos\theta}{2\pi\omega\varepsilon r^2}e^{-jkr} - j\frac{\ell I_m \cos\theta}{2\pi\omega\varepsilon r^3}e^{-jkr}$$
$$\dot{E}_\theta = -j\frac{1}{\omega\varepsilon\mu}\left\{-k^2\frac{\mu\ell I_m \sin\theta}{4\pi r}e^{-jkr} + (jkr+1)\frac{\mu\ell I_m \sin\theta}{4\pi r^3}e^{-jkr}\right\}$$
$$= j\frac{k^2\ell I_m \sin\theta}{4\pi\omega\varepsilon r}e^{-jkr} + \frac{k\ell I_m \sin\theta}{4\pi\omega\varepsilon r^2}e^{-jkr} - j\frac{\ell I_m \sin\theta}{4\pi\omega\varepsilon r^3}e^{-jkr}$$
$$\dot{E}_\phi = 0 \tag{8.6}$$

式 (8.6) によると，微小電流源が作る電界は r 成分 $\dot{E}_r$ と θ 成分 $\dot{E}_\theta$ のみであることがわかる．また，$\dot{E}_\theta$ の右辺第 1 項以外は，r の増加にともなって（観測点が電流源から離れるにつれて）急激に減衰することを示しており，微小電流源から十分遠方の電界は，式 (8.6) の $1/r^2$，$1/r^3$ を含む各項を省略して次のように近似することができる．

$$\begin{aligned}\dot{E}_r &= 0 \\ \dot{E}_\theta &= j\frac{k^2\ell I_m \sin\theta}{4\pi\omega\varepsilon r}e^{-jkr} \\ \dot{E}_\phi &= 0\end{aligned} \tag{8.7}$$

$1/r$ は放射界であり，式 (8.4) で示した $\dot{B}_\phi$ の放射界と同相の関係にあることがわかる．また，式 (8.7) より，電流源から十分遠方における電界の大きさは次のように表現できることになる．

$$|\dot{\boldsymbol{E}}| = |\dot{E}_\theta| = \left|\frac{k^2 \ell I_m}{4\pi\omega\varepsilon r}\sin\theta\right| \tag{8.8}$$

つまり，z 軸を含む平面上で考えると，原点 O から等距離の位置では $\theta = 90°$ および $270°$ で電界強度が最大となる．言い換えれば，この放射源（微小電流源）は，これらの角度に対して強く電磁波を放射する性質をもつことを示している．この方向を**最大放射方向**といい，どの向きに強く電磁波を放射するかを示す特性をその放射源（またはアンテナ）の**放射指向特性**または**指向性**という．微小電流源の z 軸を含む平面内の放射指向特性は，図 8.2 のように表現できる．

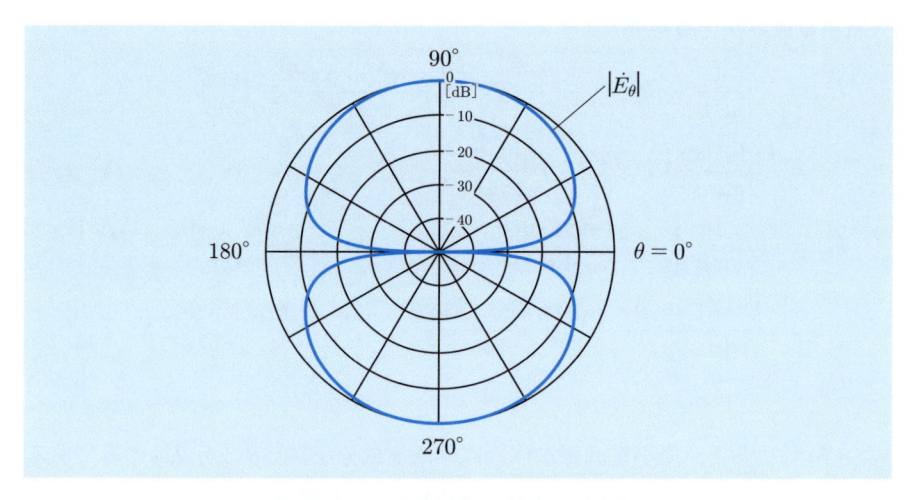

図 8.2 微小電流源の放射指向特性

8.3 アンテナの特性

アンテナはその形状や構造によって電気的性質が大きく異なるため，それぞれのアンテナのもつ性質や特徴を考慮して，使用目的に合ったアンテナが選択される．各々のアンテナのもつ特性を評価するにあたり，さまざまな表現が使われる．ここでは線状アンテナの特性の主な表現方法を紹介しよう．

8.3.1 放射指向特性（放射パターン）

8.2 節において，微小電流源の放射指向特性を紹介した．ここで z 軸を含む平面内における放射指向特性は，図 8.2 のようになることを示した．この放射指向特性は**垂直面内指向特性**といわれる（図 8.3(a) に再掲）．これに対し x 軸，y 軸を含む x-y 平面上の放射指向特性を**水平面内指向特性**という．放射電界の大きさは前述のとおり式 (8.8) で与えられ，x-y 平面上では $\theta = 90°$，$\sin\theta = 1$ となるので，原点からの距離 r が決まると $|\dot{E}_\theta|$ は次式のように一定となる．

$$|\dot{E}_\theta| = \left| \frac{k^2 \ell I_m}{4\pi\omega\varepsilon r} \right|$$

したがって，微小電流源の水平面内指向特性は図 8.3(b) となる．

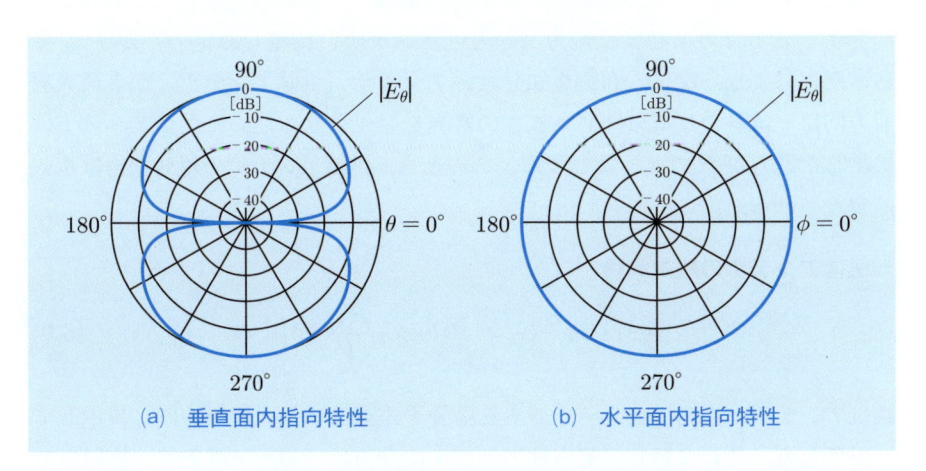

(a) 垂直面内指向特性　　(b) 水平面内指向特性

図 8.3　放射指向特性（微小電流源の例）

8.3.2 送信アンテナの利得

前項で述べたように，アンテナはその構造や形状によって固有の放射指向特性を有する．ある特定の方向に強く電磁波を放射する性質をもつアンテナを**指向性アンテナ**という[††]．例えば，パラボラアンテナは特定の向きに対して強い電磁波を放射する性質をもつ．あるアンテナが最大放射方向にどの程度強く電磁波を放射するかは，決められた**基準アンテナ**との比較によって評価される．これを**アンテナ利得**という．基準アンテナとしては，**等方性アンテナ**（後述）や**半波長ダイポールアンテナ**が採用される．等方性アンテナを基準アンテナとした場合のアンテナ利得を**絶対利得**といい，半波長ダイポールアンテナを基準アンテナとした場合を**相対利得**という．

等方性アンテナと絶対利得

全方位（$\theta = 0 \sim 360°$，$\phi = 0 \sim 360°$）にわたって均一に電磁波を放射する理想的なアンテナを等方性アンテナという．このアンテナを励振すると，アンテナを中心とする3次元のすべての向きに対して均等に電磁波が放射される．このように，特定の向きに対して強い電磁波を放射することのないアンテナを**無指向性アンテナ**という．

図 8.4 のように，等方性アンテナから r 離れた位置に $|\boldsymbol{E}|$ なる大きさの電界を発生させるために必要な電力（等方性アンテナに給電した電力）が P_{ref} であったとしよう．次に，利得を知りたいアンテナ（供試アンテナ）から最大放射方向に r 離れた位置に同じ大きさの電界を発生させるために供試アンテナに供給した電力が P であったとする．このとき，供試アンテナの**絶対利得**は次式で定義される．

送信アンテナの絶対利得

$$絶対利得 \quad G_i = 10 \log_{10} \frac{P_{\text{ref}}}{P} \ [\text{dB}] \tag{8.9}$$

供試アンテナが指向性アンテナである場合，電磁波は最大放射方向に集中して放射される．これに対し，等方性アンテナは全方位に均一に電磁波が放射され

[††] 八木・宇田アンテナやパラボラアンテナは，テレビジョン放送の受信など身近に使用される指向性アンテナの代表例である．

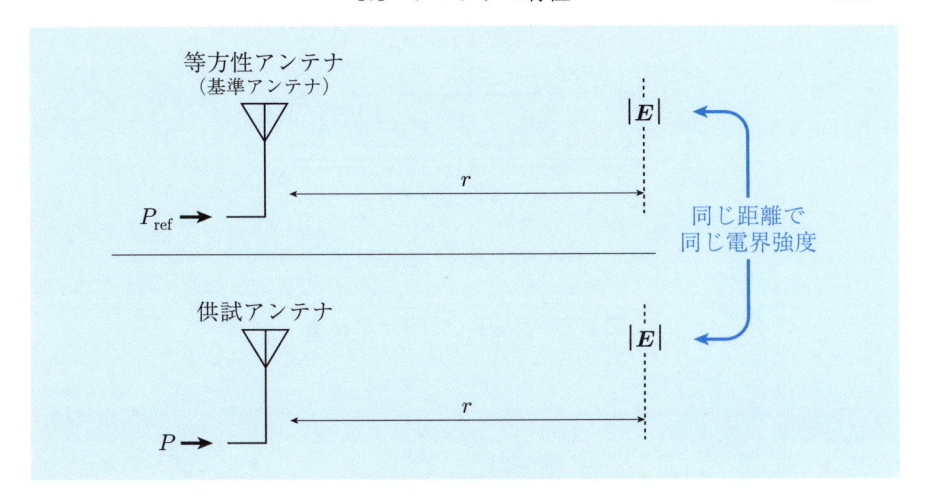

図 8.4　絶対利得

る．等距離離れた位置に同じ電界強度を生むには，等方性アンテナのように四方八方にエネルギーをばらまくよりも，特定の方向にエネルギーを集中させた方が効率がよい．つまり，指向性アンテナの方が少ない電力で同じ電界強度を得ることができることになる．このことから，一般に $P_{\text{ref}} > P$ であり，絶対利得は $G_i > 0$ [dB] となる．

半波長アンテナと相対利得

半波長アンテナ（半波長ダイポールアンテナ）は図 8.5 に示すように，使用波長の 1/4 の長さを有する 2 本の金属線を一直線状に並べた構造である．このアンテナの名称は全長が 1/2 波長程度であることに由来する．アンテナ本体を

● **アンテナの利得について** ●

利得という用語は増幅器の増幅度を表す際（電力利得など）によく使用されるため，アンテナ利得が 0 dB 以上ならばアンテナに入力した電力に対して放射される電力が大きくなると勘違いする方がいる．八木・宇田アンテナやパラボラアンテナなど金属線や金属板などで構成されるアンテナは受動素子で構成されているので，入力した電力より放射される電力が大きくなることはあり得ない．アンテナ利得は，あくまでも基準アンテナと比較した場合のものであることに注意して欲しい．

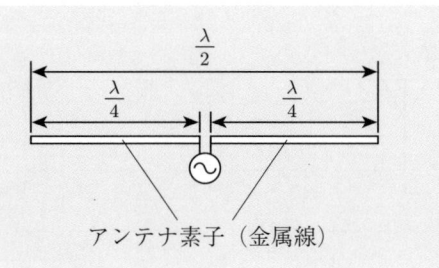

図 8.5　半波長アンテナの構造

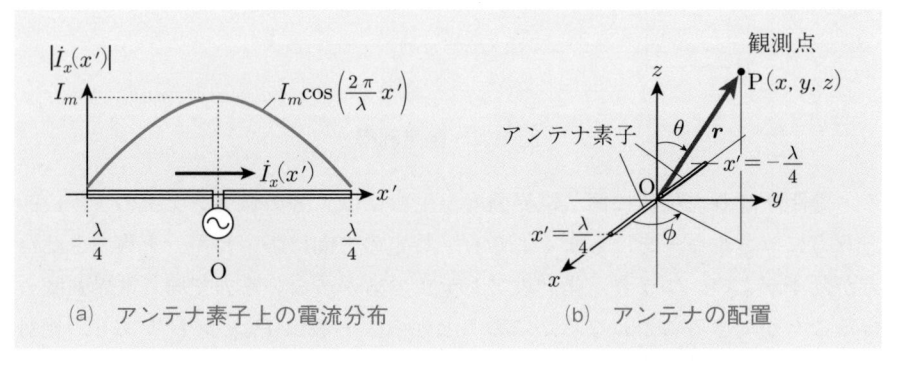

(a) アンテナ素子上の電流分布

(b) アンテナの配置

図 8.6　半波長ダイポールアンテナの電流分布と配置位置

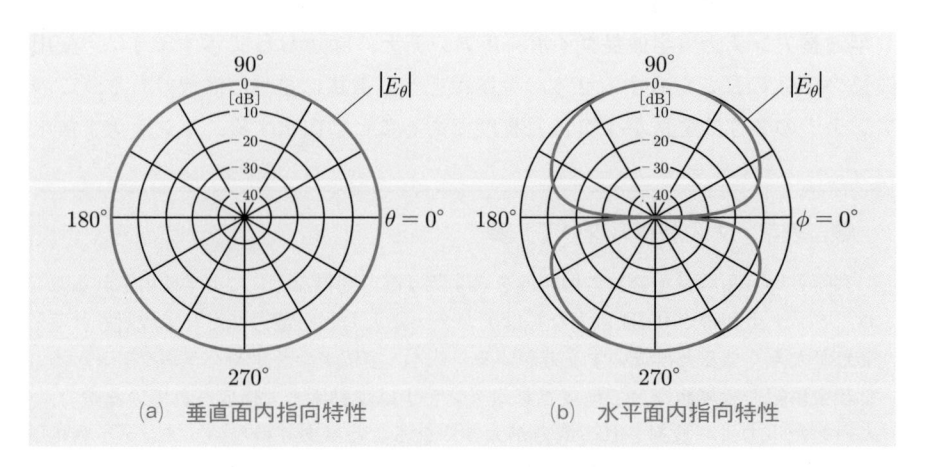

(a) 垂直面内指向特性

(b) 水平面内指向特性

図 8.7　半波長アンテナの放射指向特性

構成する金属線は**アンテナ素子（アンテナエレメント）**と呼ばれ，これを高周波信号で励振することにより電磁波が放射される．

図 8.6(a) のようにアンテナ素子上の電流分布 $|\dot{I}_x(x')|$ は給電点 $(x', y', z') = (0, 0, 0)$ で最大となると考えると，次式のように近似できる．

$$|\dot{I}_x(x')| = I_m \cos\left(\frac{2\pi}{\lambda} x'\right) \tag{8.10}$$

このような半波長アンテナを図 8.6(b) のように配置した場合，図 8.7 のような放射指向特性となることが知られている[†††]．つまり半波長アンテナは，水平面内（x-y 平面内）において図 8.6(b) の y 軸方向が最大放射方向となる．

ここで，半波長アンテナを基準アンテナとした場合のアンテナ利得である**相対利得**を定義しておこう．半波長アンテナから最大放射方向に r 離れた位置に $|\boldsymbol{E}|$ の電界強度を生むのに供給される電力を P_{ref} とする．また，供試アンテナについて同じく最大放射方向に r 離れた位置に $|\boldsymbol{E}|$ の電界強度を生むのに供給される電力を P とするとき，供試アンテナの相対利得は次のように定義される．

送信アンテナの相対利得

$$\text{相対利得} \quad G_r = 10 \log_{10} \frac{P_{\text{ref}}}{P} \ [\text{dB}] \tag{8.11}$$

相対利得 G_r と絶対利得 G_i の間には次の関係があることが知られており，絶対利得がわかれば簡便に相対利得を求めることができる．

相対利得と絶対利得の関係

$$G_{r(\text{dB})} = G_{i(\text{dB})} - 2.15 \ [\text{dB}] \tag{8.12}$$

8.3.3 実効長

前述のとおり，アンテナ素子上の電流分布がわかると，電磁ポテンシャルを用いてそのアンテナから離れた観測点の電磁界を求めることができる．半波長アンテナの場合，式 (8.10) のようにアンテナ素子上の電流分布を cos 関数で比

[†††] 水平面内指向特性はちょうどアラビア数字の 8 の字を描くことから，8 の字特性と呼ばれる．

較的シンプルに近似することができるが，アンテナの構造によっては，より複雑な電流分布になることもあり，観測点の電磁界の導出も煩雑になる．

そこで，線状の供試アンテナに対して，電流分布が一定の仮想的なアンテナを定義する．これを用いると，厳密ではないが簡便に電磁界を求めることができる．この仮想的なアンテナの長さを**実効長**という．

一例として，半波長アンテナの実効長を求めてみよう．アンテナ素子上の電流分布 $|\dot{I}_x(x')|$ をアンテナ素子上で積分したものを S_1 とする．

$$\begin{aligned}S_1 &= \int_{-\lambda/4}^{\lambda/4} \left|\dot{I}_x(x')\right| dx' \\ &= \int_{-\lambda/4}^{\lambda/4} I_m \cos\left(\frac{2\pi}{\lambda}x'\right) dx' \\ &= \frac{\lambda I_m}{\pi}\end{aligned}$$

これはちょうど図 8.8(a) の青色部分の面積 S_1 に相当する．ここで図 8.8(b) のような仮想的なアンテナを考え，青色部分の面積 S_2 が上の $S_1 = \lambda I_m/\pi$ に等しくなるような I_m 一定の電流分布を考えたとき，アンテナの長さ ℓ_e が実効長となる．

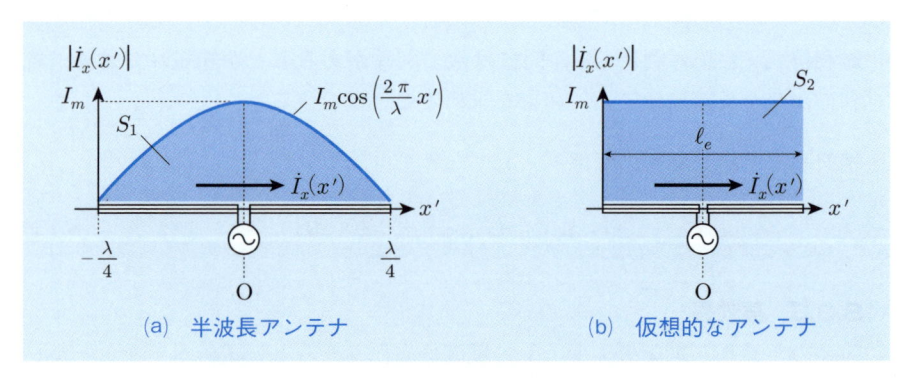

図 8.8 半波長アンテナの実効長を求めるための仮想的なアンテナ

半波長アンテナの実効長

> 半波長アンテナの実効長　$\ell_e = \dfrac{\lambda}{\pi}$　　(8.13)

この等価的なアンテナから放射される電磁界は，供試アンテナから放射される本来の電磁界とは完全に一致しないが，現場において簡便に電磁界強度を知りたい場合などに有効である．

8.3.4 実効面積

アンテナは電磁波の送信のみならず，受信にも使用される．電力利得が主に送信アンテナの性能を表したのに対し，受信アンテナの場合は実効面積を用いて表すことがある．

電力密度 p の電磁界中に置かれた供試アンテナから P_R なる受信電力が得られるとき，P_R と p の関係を係数 A_e を用いて次式のように表現することにしよう．

$$P_R = pA_e \qquad (8.14)$$

この A_e を供試アンテナの**実効面積**という．実効面積も受信アンテナ固有の値であり，実効面積が大きい受信アンテナほど，より強い受信アンテナ出力が得られる．

8.3.5 受信アンテナの絶対利得

受信アンテナからどの程度の受信電力が得られるかは，基準アンテナと比較することにより評価される．ある強度 $|\boldsymbol{E}|$ の電界中に供試アンテナを置いたとする．ここで供試アンテナは，最大の受信電力 P_R が得られるような向きに置くことにする．次に，同様の電界中に等方性アンテナを配置した場合の受信電力を P_i とする．このとき，P_R と P_i の比を**受信アンテナの絶対利得**という．

受信アンテナの絶対利得

> 受信アンテナの絶対利得の定義　$G_{ir} = \dfrac{P_R}{P_i}$　　(8.15)

供試アンテナと等方性アンテナが配置される位置は同じであるので，同じ電力密度の位置に置かれることになる．この電力密度を p とすると，8.3.4 項の式

(8.14) の関係を用いることにより，各々のアンテナの実効面積を次のように表現することができる．

$$\begin{cases} 供試アンテナの実効面積 \quad A_e = \dfrac{P_R}{p} \\ 等方性アンテナの実効面積 \quad A_i = \dfrac{P_i}{p} \end{cases}$$

これより

$$p = \frac{P_R}{A_e} = \frac{P_i}{A_i}$$
$$\therefore \quad \frac{P_R}{P_i} = \frac{A_e}{A_i}$$

式 (8.15) より，受信アンテナの絶対利得と実効面積との関係が得られる．

$$G_{ir} = \frac{P_R}{P_i} = \frac{A_e}{A_i}$$

表 8.2 によると，等方性アンテナの実効面積 A_i は $\lambda^2/4\pi$ であるので，実効面積 A_e の受信アンテナの絶対利得 G_{ir} は次式となる．

受信アンテナの絶対利得

$$G_{ir} = \frac{4\pi A_e}{\lambda^2} \tag{8.16}$$

これまで紹介してきたアンテナは，すべて受動部品で構成されているものである[†4]．このようなアンテナは相反定理が成立するため，ある周波数の電磁波の送信に使用した場合の絶対利得 G_i と同じ周波数の電磁波を受信する際の絶対利得 G_{ir} は等しくなる．このほか指向性や実効長なども送信と受信で等しくなることが知られている．

表 8.2 アンテナの実効面積の例

	実効面積 A_e [m^2]
等方性アンテナ	$\lambda^2/4\pi$
半波長アンテナ	$0.13\lambda^2$

[†4] 能動素子で構成されたアンテナ（アクティブアンテナ）はこれに該当しない．

8.3 アンテナの特性

■ 例題 8.1 ■

実効面積が λ^2/π（λ は使用波長）の受信アンテナの絶対利得を求めよ．また，このアンテナを送信アンテナとして使用した場合の絶対利得，相対利得をデシベル表示で求めよ．

【解答】 実効面積 A_e の受信アンテナの絶対利得 G_{ir} は次式で与えられる．

$$G_{ir} = \frac{4\pi A_e}{\lambda^2}$$

$A_e = \lambda^2/\pi$ を代入して

$$\therefore \; G_{ir} = \frac{4\pi}{\lambda^2}\frac{\lambda^2}{\pi} = 4$$

受動部品で構成されたアンテナの場合，相反定理より送信アンテナとしての絶対利得 G_i と G_{ir} は等しいため，

$$G_i = 4$$

デシベル表示すると，

$$\therefore \; G_{i(\mathrm{dB})} = 10\log_{10}4 \approx 6 \; [\mathrm{dB}]$$

相対利得 $G_{r(\mathrm{dB})}$ と絶対利得 $G_{i(\mathrm{dB})}$ との間の関係

$$G_{r(\mathrm{dB})} = G_{i(\mathrm{dB})} - 2.15 \; [\mathrm{dB}]$$

を用いると，相対利得が得られる．

$$\therefore \; G_{r(\mathrm{dB})} = 6 - 2.15 = 3.85 \; [\mathrm{dB}]$$

8.3.6 給電点インピーダンス

無線送信機で作られた高周波信号は，図 8.9(a) のように伝送線路を通じて送信アンテナに給電される．ここでアンテナは，伝送線路を終端する一種の負荷と考えることができる．アンテナ素子は少なからずインダクタンス成分を有しており，また大地上に展張されたアンテナは対地間にキャパシタンス成分を有するため，アンテナは一般にリアクタンス成分を有する．つまり，アンテナはその給電点において入力インピーダンス $\dot{Z}_\mathrm{in}$ をもつ負荷であると考えられる．この $\dot{Z}_\mathrm{in}$ をアンテナの**給電点インピーダンス**という．図 8.9(b) のように給電点における電圧，電流をそれぞれ $\dot{V}$，$\dot{I}$ とおくと，給電点インピーダンス $\dot{Z}_\mathrm{in}$ は次式で与えられる．

第8章 アンテナの基礎

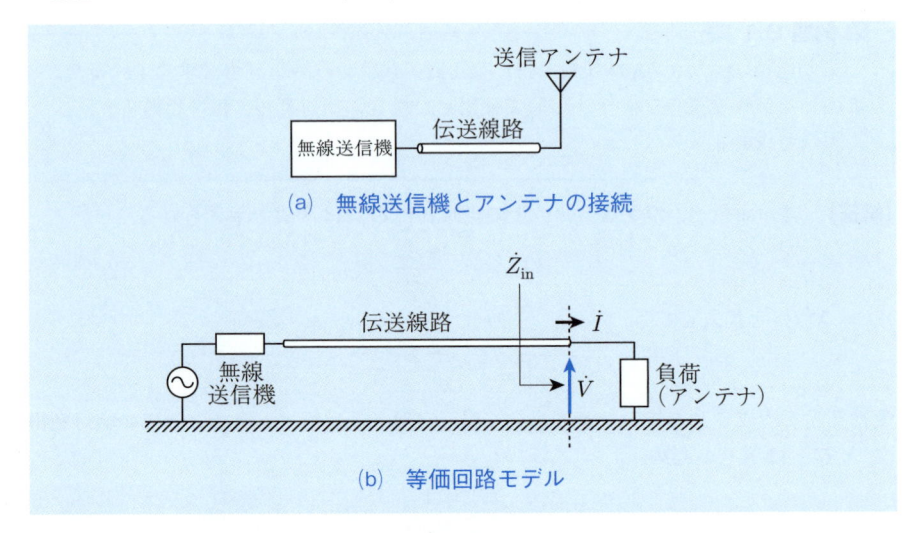

図 8.9 (a) 無線送信機とアンテナの接続
(b) 等価回路モデル
無線送信機に接続されたアンテナモデル

給電点インピーダンス

$$\dot{Z}_{in} = \frac{\dot{V}}{\dot{I}} \tag{8.17}$$

半波長アンテナは文字通り全長が 1/2 波長のアンテナであるが，実際にアンテナ素子の全長を使用周波数の 1/2 波長に設定すると，アンテナの給電点インピーダンスは正のリアクタンスをもつことが知られている．このリアクタンス成分を除去するため，実際に使用される半波長アンテナの全長は 1/2 波長よりもやや短くなるよう調整される場合がある．

また，給電点に流れる電流 $\dot{I}$ によりアンテナから電磁波が放射され電力が消費される，という観点から**放射抵抗**が定義されている．アンテナから放射される電力を W とするとき，放射抵抗 R_r は次式で与えられる．

放射抵抗

$$R_r = \frac{W}{|\dot{I}|^2} \tag{8.18}$$

8章の問題

☐ **8.1** 半波長ダイポールアンテナの絶対利得を求めよ．

☐ **8.2** 使用周波数が $1\,\mathrm{GHz}$ の半波長アンテナの実効長を求めよ．なお，電磁波の伝搬速度は $3 \times 10^8\,\mathrm{m/s}$ とする．

第9章

光・電波応用技術

　電波は，通信や放送のみならず，実にさまざまな目的で使用されている．例えば，電子レンジは身近で非通信目的に使用されている電波の代表例であり，カーナビゲーションシステムで有名な GPS も衛星からの電波を利用した技術である．ここでは，電波応用技術として，電波航法の一種である双曲線航法とレーダを紹介する．また，電磁波の一種といわれる光とその応用技術についても紹介しよう．

9.1 双曲線航法

9.1.1 電波航法について

電波を使って自らのいる位置を知る方法を**電波航法**という．近年，衛星を利用した電波航法の一種である**全地球測位システム**（**GPS**[†]）がカーナビゲーションなどに利用され，高精度に自車の位置を知ることができる．電波航法の歴史は古く，衛星のなかった時代から船舶の航行用として実用化されていた．ここでは，地上の無線局から発射された電波を利用する**双曲線航法**を紹介しよう．

9.1.2 原理

平面上の 2 つの定点 F，F′ と，同じ平面上の任意の点 P を結ぶ線分をそれぞれ FP と F′P としよう．両者の差 FP − F′P が一定となる点は，点 P 以外に平面上に無数に存在する．これらの点を結ぶと図 9.1 のような曲線が得られる．これを双曲線といい，2 点 F，F′ を双曲線の焦点という．原点 O から各焦点までの距離を d とすると，この双曲線の方程式は次式で与えられる．

$$\frac{x^2}{a^2} - \frac{y^2}{b^2} = 1 \tag{9.1}$$

ここで，x 軸と双曲線との交点は $(a, 0)$，$(−a, 0)$ であり，これらを双曲線の頂点という．また，$b^2 = d^2 − a^2$ である．

線分 FP と F′P の差 |FP − F′P| は $2a$ であることが明らかである（図 9.1 において双曲線と x 軸が交差する点を P とするとわかりやすい）．したがって，線分 FP と F′P の差がわかれば，a を得ることができる．さらに d が既知であれば，$b^2 = d^2 − a^2$ の関係から b を得ることができる．以上で a，b が決まるため，式 (9.1) からある一つの双曲線の方程式が得られる．つまり，焦点が F，F′ で，点 P を通る双曲線の方程式が一つ定まることになる．

この双曲線の特徴と電波の性質をうまく組み合わせると，海上において船舶が自船の位置を特定するのに利用することができる．2 つの焦点 F，F′ にそれぞれ異なる電波を発射する無線局 A，B を置いてみよう．無線局の位置は予めわかっているため d は既知である．海上の船舶の位置を点 P とすると，無線局 A，B それぞれと自船との距離の差が求められれば，自船は 2 つの無線局の位

[†] global positioning system

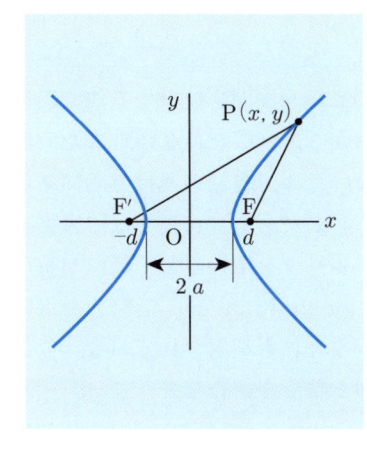

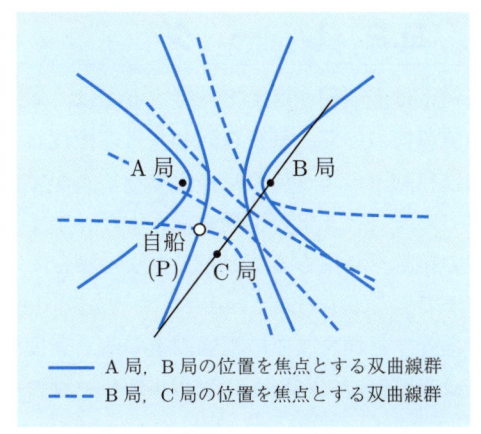

図 9.1　双曲線　　　　　図 9.2　双曲線の交点から自船の位置

置を焦点とする特定の双曲線上にいることがわかる．しかしこれだけでは，双曲線上の位置を特定することができない．そこで図 9.2 のように F，F′ とは異なる点にもう 1 局無線局 C を置き，無線局 C と無線局 B（または無線局 A）の位置を焦点とし点 P を通る双曲線を求める．こうして得られた 2 組の双曲線の交点から，自船の位置を知ることができる．

9.1.3　2つの無線局と自船との距離の差を求める方法

例えば，2 つの無線局 A，B から，同じタイミングでパルス状の電波を発射してみよう．なお，どちらの無線局から発射されたかを区別できるよう，それぞれ異なる搬送波周波数およびパルス繰返し周期をもつ電波を発射することにする．このとき，無線局 A，B からの電波が自船に到達する時刻は，自船の位置によってそれぞれ異なるはずである．この時刻のズレは到来電波の位相によって検出することができる．送信電波の周波数（波長）と位相のズレがわかれば，電波の伝搬速度から無線局 A，B と自船間の距離の差を算出することができる．

代表的な双曲線航法としてオメガ，デッカ，ロランなどが船舶の航行に用いられてきたが，現在では GPS などのより高精度な衛星航法が主流となっている．

9.2 レーダ

例えば，船舶が海上を航行する際は，周辺の島嶼や周囲を航行する他の船舶の位置について，昼夜を問わず常に把握しておかなければならない．また，船舶は自動車のように急に停止することができないため，自船の進行方向にある遠方の障害物までの距離をできるだけ早く知る必要がある．目視では障害物までの距離を見積もることができない場合でも，レーダを用いると正確に知ることができる．レーダ（radar）は "radio detection and ranging" を略したものであり，目標物までの距離測定の他，速度測定などにも利用されている．ここでは距離測定に利用されるパルスレーダの原理と特徴を紹介しよう．

9.2.1 パルスレーダの原理

5章で述べたように，電磁波は媒質が不連続な点において反射する性質をもつ．図9.3のように，ある送信点（船舶）から放射した電磁波が目標物で反射し，反射波が送信点に到達したとしよう．送信時刻 t_t と反射波の到達時刻 t_r を正確に知ることができれば，それらの差 $t_r - t_t$ から，電磁波が送信点と目標物との間を往復するのに要した時間 t がわかる．電磁波の伝搬速度を v_0 とすると $v_0 t$ が往復の距離である．したがって，送信点から目標物までの距離 ℓ は $v_0 t$ の半分となる．

$$\ell = \frac{v_0 t}{2} \tag{9.2}$$

このようにして，目標物までの距離 ℓ を測定することができる．

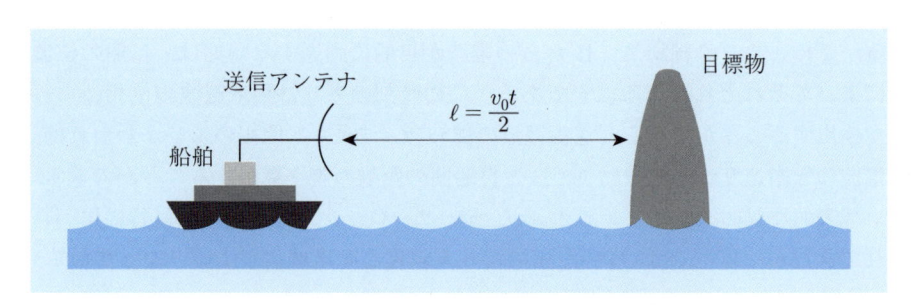

図 9.3 送信点から目標物までの距離

9.2.2 レーダ方程式

まず,レーダの送信アンテナが等方性アンテナ(上下左右の全方位に均等に電波を放射する無指向性の波源)である場合を考えよう.送信アンテナから放射される全電力が P_T [W] であるとき,送信地点 X から距離 ℓ [m] の位置 Y における電磁波の単位面積あたりの電力(電力密度)は,次式で表現できる.

$$\frac{P_T}{4\pi\ell^2} \ [\mathrm{W/m^2}]$$

ところで,レーダは目標物の方向および目標物までの距離を測定するものである.目標物の方向を得るにあたり,送信アンテナ自体を水平面内で回転させながら電波を放射するが,等方性アンテナのように送信アンテナ自体が全方位に向けて電波を放射してしまっては意味がない.そこで,実際のレーダ用のアンテナにはスロットアレーアンテナなどの鋭い指向性をもったアンテナが採用される.上式で示した電力密度は等方性アンテナを用いた場合のものであるので,絶対利得 G_i の指向性アンテナを使用した場合の位置 Y における電力密度 p_y は,次式となる.

$$p_y = \frac{P_T G_i}{4\pi\ell^2} \ [\mathrm{W/m^2}]$$

位置 Y に目標物がある場合には,このような電波が目標物に入射し,その一部は送信アンテナに向けて反射する成分となる.

目標物において電波がどのように(どの方向にどのような大きさ・位相で)散乱するかは目標物の材質や形状によって異なる.そこで,送信アンテナの向きに反射する電波と同じ電力の電波が,目標物から上下左右の全方位に均一に放射されると仮定し,目標物を等方性アンテナに置き換えてみる.この等方性アンテナから放射される全電力 P_Y と p_y との間に次式の関係があるとしよう.

$$P_Y = p_y \sigma = \frac{P_T G_i \sigma}{4\pi\ell^2} \ [\mathrm{W}]$$

ここで σ は面積の単位を有する係数である.すると,送信アンテナの位置 X まで戻ってきた反射波の電力密度 p_x は次式のように表現することができる.

$$p_x = \frac{P_Y}{4\pi\ell^2} = \frac{P_T G_i \sigma}{4\pi\ell^2} \frac{1}{4\pi\ell^2} = \frac{P_T G_i \sigma}{(4\pi\ell^2)^2} \ [\mathrm{W/m^2}]$$

この反射波を送信点において受信することになる(なお,実際のパルスレーダでは,送信アンテナが反射波の受信にも利用される).受信アンテナの実効面積を A_e とすると,受信アンテナから得られる受信電力 P_R は次式となる.

受信アンテナの出力電力（レーダ方程式）

$$P_R = p_x A_e = \frac{P_T G_i A_e \sigma}{(4\pi \ell^2)^2} \; [\mathrm{W}] \tag{9.3}$$

上式は，目標物までの距離 ℓ のみならず，送信アンテナの絶対利得 G_i や受信アンテナの実効面積 A_e など，系全体のパラメータを含めて送信電力 P_T と受信電力 P_R との関係を表したものであり，**レーダ方程式**と呼ばれる．

9.2.3 最大探知距離

レーダ方程式 (9.3) によると，目標物までの距離 ℓ が大きくなるほど，受信電力 P_R が小さくなることを示している．レーダが受信することのできるレベルには限界があり，受信電力があるレベル以下になると受信できなくなる．すなわち，その最小レベルが目標物を探知できる距離 ℓ の限界（最大距離）を決める要因となる．レーダが目標物を認識することのできる最大距離を**最大探知距離**という．

8.3.5 項において一般的なアンテナを送信に使用する際の絶対利得 G_i と受信に使用する際の絶対利得 G_{ir} が等しく，次式となることを示した．

$$G_{ir} = \frac{4\pi A_e}{\lambda^2} = G_i \tag{8.16 再掲}$$

これをレーダ方程式 (9.3) の G_i に代入すると次式を得る．

$$P_R = \frac{P_T \left(\frac{4\pi A_e}{\lambda^2}\right) A_e \sigma}{(4\pi \ell^2)^2} = \frac{P_T A_e^2 \sigma}{4\pi \lambda^2 \ell^4}$$

$$\therefore \; \ell = \left(\frac{P_T A_e^2 \sigma}{4\pi \lambda^2 P_R} \right)^{\frac{1}{4}}$$

レーダの受信最小感度 $P_R = P_{R\min}$ に対して探知距離 ℓ は最大 $\ell_{\max}$ となるから，レーダの最大探知距離は次式となる．

レーダの最大探知距離

$$\ell_{\max} = \left(\frac{P_T A_e^2 \sigma}{4\pi \lambda^2 P_{R\min}} \right)^{\frac{1}{4}} \; [\mathrm{m}] \tag{9.4}$$

9.2.4 最小探知距離

目標物が遠くなるほどレーダが目標物を捉えにくくなることは容易に想像がつくが，逆に近すぎてもレーダは目標物を捉えることができない．その原因の一つとして送信電波の波形が挙げられる．

送信アンテナから放射される電波は，図 9.4 に示すように，高周波信号を断続した波形をもつ[††]．送信電波がパルス状であることがパルスレーダと呼ばれる所以である．高周波信号が放射されている時間 τ を<u>パルス幅</u>という．またパルスの断続の周期 T を<u>パルス繰返し周期</u>という．送信アンテナから放射された電波が ℓ [m] 先の目標物で反射し，送信地点に戻ってくるまでの時間 t は，式 (9.2) より次式となる．

$$t = \frac{2\ell}{v_0}$$

送信電波のパルス幅 τ が t よりも大きいと，電波を送信している最中に反射波が送信地点に到達してしまう．前項で述べたように，パルスレーダで使用されるアンテナは送信と受信で共用されるため，送信している時間 τ においては反射波を受信することができない．したがって，レーダが反射波を捉えることができるのは，$t \geq \tau$ のときである．目標物までの距離が短くなるほど t は小さくなり，レーダが捉えることのできる最小の t は τ となる．このときの目標物までの距離を**最小探知距離**という．

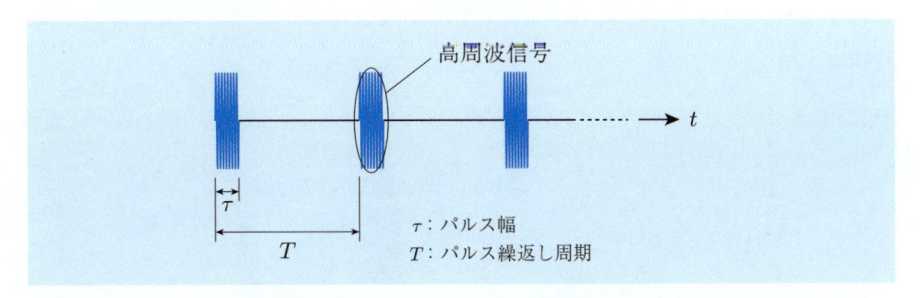

図 9.4 パルスレーダの送信電波の波形

[††] 電波法で規定するパルスレーダの送信電波の型式は P0N である．

レーダの最小探知距離

$$\ell_{\min} = \frac{v_0 \tau}{2} \tag{9.5}$$

τ 以外にも $\ell_{\min}$ を決定する要因はさまざまにある．詳細はレーダの専門書を参照されたい．

9.2.5 距離分解能

複数の目標物があるとき，送信点から各々の目標物までの距離に大差がなければ，複数の目標物を分離して捉えることができない．複数の目標物を分離することのできる最小の距離差を**距離分解能**という．

図 9.5 に示すように，送信点から 2 つの目標物 A，B までの距離がそれぞれ ℓ_A，ℓ_B であるとしよう．このとき，$t=0$ で送信された電波が目標物 A，B で反射し再び送信点に到達するまでの時間 t_A，t_B は次式となる．

$$t_A = \frac{2\ell_A}{v_0}, \qquad t_B = \frac{2\ell_B}{v_0}$$

送信電波のパルス幅を τ とすると，送信点においては図 9.6 のような反射波が観測されることになる．τ が大きくなるにつれて，2 つの反射波の間隔が狭くなり，$\{(2\ell_A/v_0)+\tau\} \geq \{2\ell_B/v_0\}$ になると 2 つの目標物からの反射波が重なってしまい，両者を分離することができなくなる．つまり，両者を分離するためには $\{(2\ell_A/v_0)+\tau\} < \{2\ell_B/v_0\}$ でなければならない．この関係を整理してみよう．

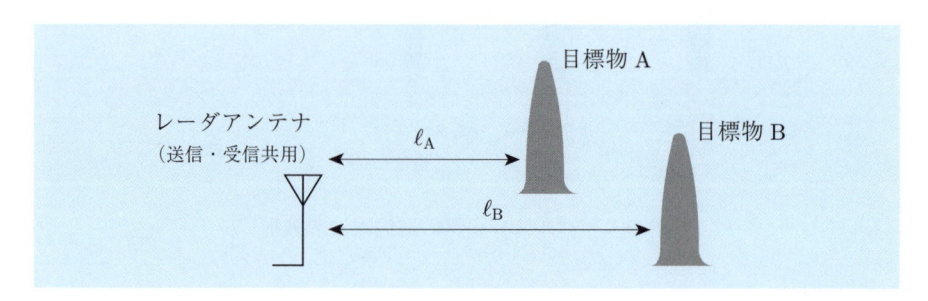

図 9.5　2 つの目標物までの距離

9.2 レーダ

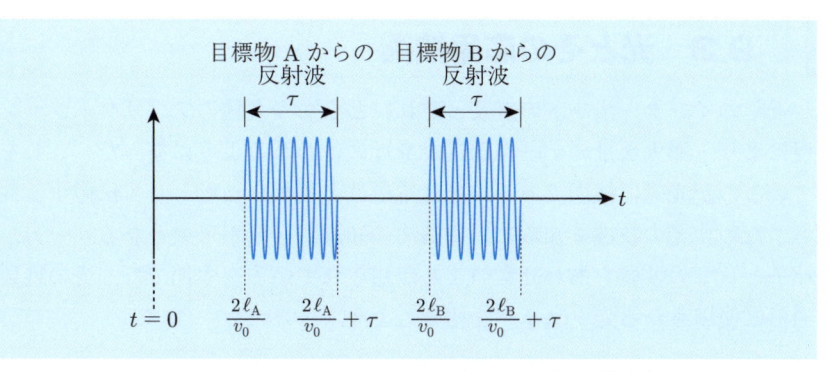

目標物 A からの反射波 　　目標物 B からの反射波

図 9.6 送信点に到達した反射波の観測結果

$$\frac{2\ell_A}{v_0} + \tau < \frac{2\ell_B}{v_0}$$

$$\frac{2\ell_B}{v_0} - \frac{2\ell_A}{v_0} > \tau$$

$$\therefore \quad \ell_B - \ell_A > \frac{v_0 \tau}{2}$$

これより，送信電波のパルス幅が τ であるとき，2 つの目標物までの距離の差が $v_0 \tau/2$ 以上でなければ，両者を分離することができないことがわかる．これを距離分解能という．

■ 例題 9.1 ■

パルスレーダにおいて，距離分解能を 90 m とするための発射電波のパルス幅の条件を求めよ．なお，空気中における電波の伝搬速度は 3×10^8 m/s とする．

【解答】 発射する電波のパルス幅を τ，電波の伝搬速度を v_0 とすると，ℓ [m] の距離分解能を得るための条件は，次式で与えられる．

$$\ell > \frac{v_0 \tau}{2}$$

これより

$$\tau < \frac{2\ell}{v_0}$$

$\ell = 90$, $v_0 = 3 \times 10^8$ を代入して，

$$\therefore \quad \tau < 0.6 \ [\mu s]$$

9.3 光とその応用技術

近年のインターネットの普及とそれにともなう各種のアプリケーションの出現により，膨大な量のデータ伝送が身近に行われるようになった．これを支えているのが光通信技術である．光は電磁波と同様に波動として伝搬する性質をもつため，光の特性を知るには電磁波の知識が必要不可欠となる．一方，光は粒子としての性質もあわせもつことが知られている．本節では，光の性質と光通信に使用される光ファイバを紹介しよう．

9.3.1 光の性質

光が**粒子性**と**波動性**の両方の性質をもつことを示したのはアインシュタインであり，現在ではこれが定説となっている．しかし，この結論に至るまで，多くの科学者によってさまざまな議論がなされた．イングランドの科学者ニュートン（Isaac Newton, 1642–1727）は，17世紀に「光が粒子の性質を有する」との仮説をたてた．彼は，プリズムによる光の屈折を利用して，白色光をさまざまな色に分解できること，そしてそれらを合成すると白色光が得られることを実験的に実証し，光がさまざまな色をもつことを示したが，この色は光の粒子の大きさによって決まると説明した．

しかし，この**光の粒子説**は光に関するさまざまな現象を説明する際に合理的ではないことが明らかになってくる．例えば，物体の陰であっても弱いながら光は届く．この現象は光が回折する性質をもつことを示しており，粒子説では説明しにくいものである．オランダの科学者ホイヘンス（Christiaan Hygens, 1629–1695）は，光が波動であるとの仮説をたて，これらの現象を説明しようとした．ホイヘンスは，光が「エーテル[†††]」という目に見えない媒質中を伝搬すると説明し，それからしばらくの間，**光の波動説**が有力とされた．

18世紀になると電気磁気現象が徐々に明らかになり，マクスウェル（James Clerk Maxwell, 1831–1879）が唱えた電磁波の存在をヘルツ（Heinrich Rudolf Hertz, 1857–1894）が実験的に実証すると，光が電磁波の一種と考えられるようになるが，依然として光・電磁波は「エーテル」中を伝搬すると考えられていた．

[†††] ether

これらの議論に対し，「エーテル」の存在を否定し，電磁波は真空中でも伝搬することを立証するとともに，光には粒子性があることを説明したのがアインシュタイン（Albert Einstein, 1879–1955）である．アインシュタインが唱えた光子（光量子）という概念は，ヘルツによって発見された光電効果を合理的に説明することができた．このようにして，光は粒子性と波動性の両方をあわせもつ，という結論に達し，現在に至っている．

9.3.2　通信への応用

光は電磁波の一種であり，波動としての性質をもつことから，電磁波と同様に情報を重畳して，波動として遠方まで伝搬させることができる．つまり，電波通信と同様の使い方ができることになる．これが**光通信**である．光を電磁波の一種と考えると，その波長は極めて短いことから周波数が非常に高い電磁波ととらえることができる．高い周波数領域の電磁波を通信に利用する利点として，広い帯域を必要とする大容量の情報伝送が可能であることが挙げられる．近年，インターネットを通じて動画等の配信がなされているが，**光ファイバ**を用いた光通信がそれら大容量のデータ伝送を支えている．また光ファイバを利用すると，電磁気的にも有利な点がある．光ファイバはガラスやプラスチックなどの誘電体材料で構成されており，金属材料ではない．2.1.3項で述べたとおり，時間的に変動する電磁界中に金属導体を置くと，電磁誘導現象により導体には電流が誘導され誘導起電力が発生する．通信線路として金属導体を用いた場合は，この誘導電流が雑音として信号に重畳されて通信品質の劣化の原因となる．しかし，光ファイバには金属が使用されていないため，外部電磁界によってファイバに電流が誘導されることはない．したがって，光ファイバを利用すると外来電磁妨害波の影響を受けない通信が可能となる．

9.3.3　光ファイバの原理

光ファイバは，誘電率の異なる材料の組み合わせで構成されている．**図9.7(a)** は光ファイバの断面を示したものである．ここで，光ファイバの中心部（コア）とその周辺部（クラッド）にはそれぞれ異なる誘電体が配置されているものとし，各々の誘電体の絶対屈折率を n_1, n_2 としよう．

この光ファイバの中心部の誘電体に光を通すと，**図9.7(b)** のように2つの誘電体の境界で反射する光（反射波）と，周辺の誘電体に透過する光（透過波）

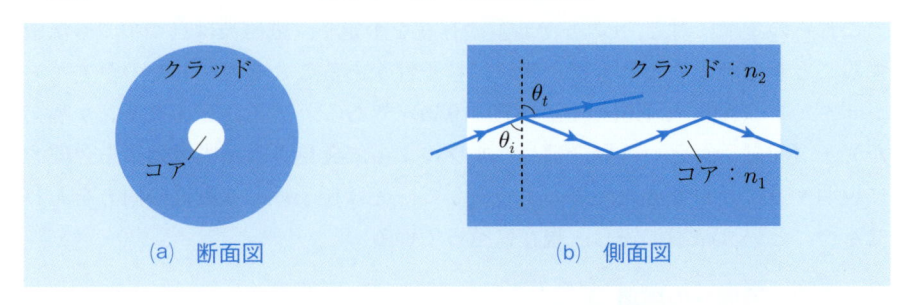

図 9.7 光ファイバの原理的構造図

が現れる．光が電磁波の一種と考えると，入射角 θ_i と θ_t の関係はスネルの法則（式 (5.44)）および式 (5.64) より，次式の関係が得られる．

$$\frac{\sin \theta_i}{\sin \theta_t} = \frac{n_2}{n_1}$$

ここで $n_1 > n_2$ であるとすると，ある入射角 θ_i（$< \pi/2$）に対して透過角 θ_t が $\pi/2$ となる．このときの入射角を臨界角といい入射波が全反射することは，すでに 5.5.4 項で述べたとおりである．

ステップインデックス型と呼ばれる光ファイバは，この原理を利用したものであり，光ファイバのコアに通した光が誘電体の境界において全反射しながら遠方まで伝搬するようにしたものである．ステップインデックス型光ファイバは，その構造と光の伝わりの方の関係から広い帯域が得られないことが知られている．これに対し，コアの絶対屈折率を滑らかに分布させ，広帯域性を実現した**グレーテッドインデックス型**と呼ばれる光ファイバが現在よく利用されている．近年の光技術の進展は目覚ましく，光ファイバや光通信については数多くの文献がある．光技術の詳細については，それらを参照されたい．

9章の問題

☐ **9.1** パルスレーダにより放射された電波が目標物で反射し，$50\,\mu\mathrm{s}$ 後に送信地点に到達した場合，送信地点から目標物までの距離を求めよ．なお，空気中における電波の伝搬速度は $3\times 10^8\,\mathrm{m/s}$ とする．

☐ **9.2** パルスレーダにおいて，最小探知距離を $60\,\mathrm{m}$ とするために要求される発射電波のパルス幅を求めよ．なお，空気中における電波の伝搬速度は $3\times 10^8\,\mathrm{m/s}$ とする．

☐ **9.3** 金属導体で構成された伝送路を用いる従来の通信に比べて，光ファイバを用いた場合の有利な点を述べよ．

付 録

■A 座標の変換

A.1 座標の回転

図 A.1 のように原点 O を中心に座標軸を $+\theta$ 回転させた場合，回転後の座標（X-Y 座標）と元の座標（x-y 座標）との間には次の関係がある．

$$x = X\cos\theta - Y\sin\theta$$
$$y = X\sin\theta + Y\cos\theta \tag{A.1}$$

$$X = x\cos\theta + y\sin\theta$$
$$Y = -x\sin\theta + y\cos\theta \tag{A.2}$$

A.2 直交座標系から球座標系への変換

直交座標系と球座標系との間には，次の関係がある．

$$x = r\sin\theta\cos\phi$$
$$y = r\sin\theta\sin\phi \tag{A.3}$$
$$z = r\cos\theta$$

また，直交座標系で表示されたベクトル $\boldsymbol{A}$ の各成分 A_x, A_y, A_z は，次式のように球座標系での各成分 A_r, A_θ, A_ϕ に変換できる．

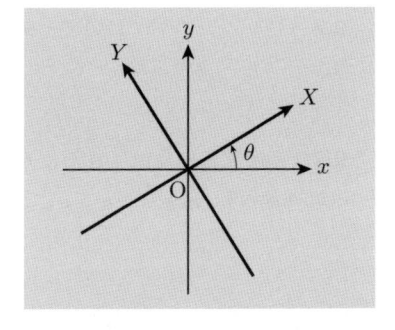

$$\begin{cases} A_r = A_x\sin\theta\cos\phi + A_y\sin\theta\sin\phi + A_z\cos\theta \\ A_\theta = A_x\cos\theta\cos\phi + A_y\cos\theta\sin\phi - A_z\sin\theta \\ A_\phi = -A_x\sin\phi + A_y\cos\phi \end{cases} \tag{A.4}$$

図 A.1 座標の回転

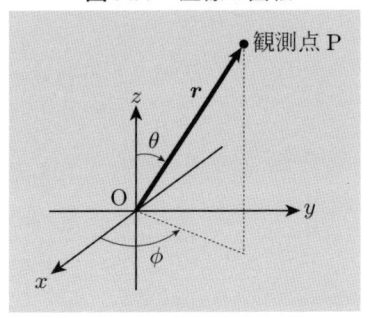

図 A.2 直交座標系と球座標系

■B スカラ場の勾配，ベクトル場の発散，回転

B.1 直交座標系

$$\nabla V = \mathbf{e}_x \frac{\partial V}{\partial x} + \mathbf{e}_y \frac{\partial V}{\partial y} + \mathbf{e}_z \frac{\partial V}{\partial z} \tag{B.1}$$

$$\nabla \cdot \boldsymbol{A} = \frac{\partial A_x}{\partial x} + \frac{\partial A_y}{\partial y} + \frac{\partial A_z}{\partial z} \tag{B.2}$$

$$\nabla \times \boldsymbol{A} = \mathbf{e}_x\left(\frac{\partial A_z}{\partial y} - \frac{\partial A_y}{\partial z}\right) + \mathbf{e}_y\left(\frac{\partial A_x}{\partial z} - \frac{\partial A_z}{\partial x}\right) + \mathbf{e}_z\left(\frac{\partial A_y}{\partial x} - \frac{\partial A_x}{\partial y}\right) \tag{B.3}$$

B.2 極座標系

$$\nabla V = \mathbf{e}_r \frac{\partial V}{\partial r} + \mathbf{e}_\theta \frac{1}{r}\frac{\partial V}{\partial \theta} + \mathbf{e}_\phi \frac{1}{r\sin\theta}\frac{\partial V}{\partial \phi} \tag{B.4}$$

$$\nabla \cdot \mathbf{A} = \frac{1}{r^2}\frac{\partial}{\partial r}(r^2 A_r) + \frac{1}{r\sin\theta}\frac{\partial}{\partial \theta}(A_\theta \sin\theta) + \frac{1}{r\sin\theta}\frac{\partial A_\phi}{\partial \phi} \tag{B.5}$$

$$\nabla \times \mathbf{A} = \frac{\mathbf{e}_r}{r\sin\theta}\left\{\frac{\partial}{\partial \theta}(A_\phi \sin\theta) - \frac{\partial A_\theta}{\partial \phi}\right\}$$
$$+ \frac{\mathbf{e}_\theta}{r}\left\{\frac{1}{\sin\theta}\frac{\partial A_r}{\partial \phi} - \frac{\partial}{\partial r}(rA_\phi)\right\} + \frac{\mathbf{e}_\phi}{r}\left\{\frac{\partial}{\partial r}(rA_\theta) - \frac{\partial A_r}{\partial \theta}\right\} \tag{B.6}$$

■C グリーン関数

C.1 グリーン関数について

今,簡単のため ψ を波動関数とする 1 次元の波動方程式を考えてみよう.波源分布を表す関数を $f(t)$ とし,この場合の境界条件をここでは形式的に $t=0, a$ で $\psi=0$ とする(もちろん 2 次元,3 次元の場合でもこの概念は成立する).

$$\frac{d^2\psi}{dt^2} + k^2\psi = -f(t) \tag{C.1}$$

ここでは式 (C.1) の波動方程式の解を求めることが主題であるが,この解表現に必要となるのがグリーン関数である.式 (C.1) の右辺に以下のようにデルタ関数 $\delta(t-\tau)$ を導入した形で表される微分方程式の解 G がグリーン関数である.

$$\frac{d^2 G}{dt^2} + k^2 G = -\delta(t-\tau) \tag{C.2}$$

このグリーン関数を利用すると式 (C.1) の解表現が可能となり,次式で与えられる.

$$\psi(t) = \int_0^a G(t,\tau)f(\tau)\,d\tau \tag{C.3}$$

なお,グリーン関数を求める過程において,式 (C.2) が式 (C.1) と同一の境界条件を満たすこと,またグリーン関数が式 (C.1) の同次方程式(右辺が 0 の場合)を満たしているという条件が課せられている.

ところで,式 (C.2) 右辺のデルタ関数 δ であるが,これは物理的に波源が点状であることを示している.今 Δt が極めて小さい正の値であるとすると,デルタ関数は,区間 $\tau - \Delta t/2 < t < \tau + \Delta t/2$ で 0 となり,$\tau - \Delta t/2$ から $\tau + \Delta t/2$ まで積分すると 1 となる性質をもつ.$\Delta t \to 0$ とした場合でもこの性質を保持していると考えると,

$$\lim_{\Delta t \to 0} \int_{\tau - \Delta t/2}^{\tau + \Delta t/2} \delta(t-\tau)\,dt = 1$$

結局,この性質を式で整理すると

$$\delta(t-\tau) = 0 \quad (t \neq \tau \text{ のとき})$$

$$\int_{-\infty}^{\infty} \delta(t-\tau)\,dt = 1$$

つまり,デルタ関数は積分することによって初めて物理的な意味をもつものである.

具体的には，図 C.1 のように $t=\tau$ である高さ $1/\Delta t$ をもち，その前後では 0 で，$(1/\Delta t)\times\Delta t = 1$ の大きさをもつことを意味している．

グリーン関数は，英国中部のノッティンガムで製粉業を営んでいたジョージ・グリーン（George Green, 1793–1841）が独学で導き出した関数であるが，数学的には極めて奥が深い．興味をもたれた方は，文献 [11], [12] および付録 C.2 を参照されたい．

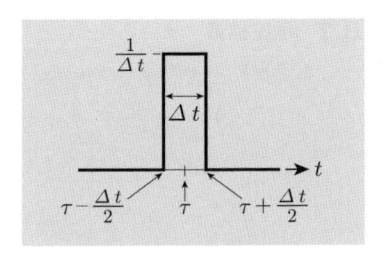

図 C.1　デルタ関数

C.2　線形時不変システムとグリーン関数

図 C.2 のような線形時不変システム L を考えよう．入力 $f(t)$ に対する L の出力 $g(t)$ を $L\{f(t)\}$ と書くことにすると，そのシステムの入出力関係は

$$g(t) = L\{f(t)\} \quad (C.4)$$

と記述される．ここで，デルタ関数を用いて

$$f(t) = \int_{-\infty}^{\infty} f(\tau)\delta(t-\tau)\,d\tau$$

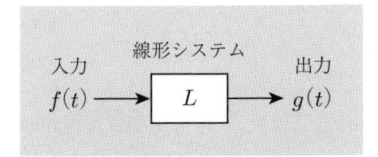

図 C.2　線形システム

と表せば，式 (C.4) は次式のように書くことができる．

$$\begin{aligned} g(t) = L\{f(t)\} &= L\left\{\int_{-\infty}^{\infty} f(\tau)\delta(t-\tau)\,d\tau\right\} \\ &= \int_{-\infty}^{\infty} f(\tau)L\{\delta(t-\tau)\}\,d\tau \\ &= \int_{-\infty}^{\infty} f(\tau)h(t-\tau)\,d\tau \quad (C.5) \end{aligned}$$

ただし $h(t-\tau) = L\{\delta(t-\tau)\}$ とおいた．これは線形時不変システム L に $\delta(t-\tau)$ を入力したときのシステムの出力を意味し，$h(t)$ $(= L\{\delta(t)\})$ はそのシステムの**インパルス応答**と呼ばれている．すなわち，L のインパルス応答がわかれば，式 (C.5) から入力 $f(t)$ に対する L の応答 $g(t)$ を得ることができる．このインパルス応答は，物理・工学の分野における**グリーン関数**と呼ばれるものに相当する．

問題解答

2章

■ **2.1** （2.1.4 項参照）

■ **2.2** ファラデーの電磁誘導則 $\nabla \times \dot{\boldsymbol{E}} = -j\omega\dot{\boldsymbol{B}}$ より

$$\dot{\boldsymbol{B}} = \tfrac{j}{\omega}\left(\nabla \times \dot{\boldsymbol{E}}\right)$$
$$= \tfrac{j}{\omega}\left\{\mathbf{e}_x\left(\tfrac{\partial \dot{E}_z}{\partial y} - \tfrac{\partial \dot{E}_y}{\partial z}\right) + \mathbf{e}_y\left(\tfrac{\partial \dot{E}_x}{\partial z} - \tfrac{\partial \dot{E}_z}{\partial x}\right) + \mathbf{e}_z\left(\tfrac{\partial \dot{E}_y}{\partial x} - \tfrac{\partial \dot{E}_x}{\partial y}\right)\right\}$$

$\dot{\boldsymbol{E}} = (\dot{E}_x,\ 0,\ 0)$ を代入して

$$\dot{\boldsymbol{B}} = \tfrac{j}{\omega}\left\{\mathbf{e}_y\left(\tfrac{\partial \dot{E}_x}{\partial z}\right) - \mathbf{e}_z\left(\tfrac{\partial \dot{E}_x}{\partial y}\right)\right\}$$
$$\therefore\ \dot{\boldsymbol{B}} = \left(0,\ \tfrac{j}{\omega}\tfrac{\partial \dot{E}_x}{\partial z},\ -\tfrac{j}{\omega}\tfrac{\partial \dot{E}_x}{\partial y}\right)$$

■ **2.3** アンペア–マクスウェルの法則 $\nabla \times \dot{\boldsymbol{H}} = (\sigma + j\omega\varepsilon)\dot{\boldsymbol{E}}$ より

$$\dot{\boldsymbol{E}} = \tfrac{1}{\sigma+j\omega\varepsilon}\left(\nabla \times \dot{\boldsymbol{H}}\right)$$
$$= \tfrac{1}{\sigma+j\omega\varepsilon}\left\{\mathbf{e}_x\left(\tfrac{\partial \dot{H}_z}{\partial y} - \tfrac{\partial \dot{H}_y}{\partial z}\right) + \mathbf{e}_y\left(\tfrac{\partial \dot{H}_x}{\partial z} - \tfrac{\partial \dot{H}_z}{\partial x}\right) + \mathbf{e}_z\left(\tfrac{\partial \dot{H}_y}{\partial x} - \tfrac{\partial \dot{H}_x}{\partial y}\right)\right\}$$

$\dot{\boldsymbol{H}} = (\dot{H}_x,\ 0,\ 0),\ \sigma = 0,\ \varepsilon = \varepsilon_0$ を代入して

$$\dot{\boldsymbol{E}} = \tfrac{1}{j\omega\varepsilon_0}\left\{\mathbf{e}_y\left(\tfrac{\partial \dot{H}_x}{\partial z}\right) - \mathbf{e}_z\left(\tfrac{\partial \dot{H}_x}{\partial y}\right)\right\}$$
$$\therefore\ \dot{\boldsymbol{E}} = \left(0,\ \tfrac{1}{j\omega\varepsilon_0}\tfrac{\partial \dot{H}_x}{\partial z},\ -\tfrac{1}{j\omega\varepsilon_0}\tfrac{\partial \dot{H}_x}{\partial y}\right)$$

3章

■ **3.1** 誘電体の誘電率 ε が $9\varepsilon_0$（ε_0 は真空誘電率）であるから，伝搬する電磁波の伝搬速度 v は次式となる．

$$v = \tfrac{1}{\sqrt{\varepsilon\mu}} = \tfrac{1}{\sqrt{9\varepsilon_0\mu_0}} = \tfrac{v_0}{3} \quad \text{（v_0 は真空中の電磁波の伝搬速度）}$$
$$\therefore\ v = \tfrac{3\times 10^8}{3} = 1 \times 10^8\ [\text{m/s}]$$

周波数 f に対する波長 λ は v/f で与えられる．$v = 1 \times 10^8$，$f = 200 \times 10^6$ より，

$$\therefore\ \lambda = \tfrac{v}{f} = \tfrac{1\times 10^8}{200\times 10^6} = 0.5\ [\text{m}]$$

また，波数 k は $2\pi/\lambda$ であるから，$\lambda = 0.5$ を代入して

$$\therefore\ k = \tfrac{2\pi}{0.5} = 4\pi\ [\text{rad/m}]$$

■**3.2** 平面波電磁界の伝搬方向はベクトル $\dot{\boldsymbol{E}} \times \dot{\boldsymbol{H}}$ の方向である．$\dot{\boldsymbol{E}} = (0, \sqrt{3}, 1)$, $\dot{\boldsymbol{H}} = (0, -1, \sqrt{3})$ を代入すると

$$\dot{\boldsymbol{E}} \times \dot{\boldsymbol{H}} = \mathbf{e}_x \left(\dot{E}_y \dot{H}_z - \dot{E}_z \dot{H}_y \right) + \mathbf{e}_y \left(\dot{E}_z \dot{H}_x - \dot{E}_x \dot{H}_z \right)$$
$$+ \mathbf{e}_z \left(\dot{E}_x \dot{H}_y - \dot{E}_y \dot{H}_x \right)$$
$$= \mathbf{e}_x (3 + 1) + \mathbf{e}_y (0 - 0) + \mathbf{e}_z (0 - 0) = (4, 0, 0)$$

したがってこの電磁波は x 方向に伝搬していることがわかる．

4章

■**4.1** ファラデーの電磁誘導則は，次式で与えられる．

$$\nabla \times \boldsymbol{E} = -\frac{\partial \boldsymbol{B}}{\partial t}$$

境界に対する法線方向単位ベクトル $\mathbf{n}$ との内積をとると

$$\text{左辺} = \mathbf{n} \cdot (\nabla \times \boldsymbol{E}) = \nabla \cdot (\boldsymbol{E} \times \mathbf{n}) = -\nabla \cdot (\mathbf{n} \times \boldsymbol{E})$$
$$\text{右辺} = \mathbf{n} \cdot \left(-\frac{\partial \boldsymbol{B}}{\partial t} \right) = -\frac{\partial}{\partial t} (\mathbf{n} \cdot \boldsymbol{B})$$

左辺 = 右辺 より

$$-\nabla \cdot (\mathbf{n} \times \boldsymbol{E}) = -\frac{\partial}{\partial t} (\mathbf{n} \cdot \boldsymbol{B})$$
$$\therefore \ \nabla \cdot (\mathbf{n} \times \boldsymbol{E}) = \frac{\partial}{\partial t} (\mathbf{n} \cdot \boldsymbol{B})$$

の関係が得られる．境界両側の媒質にそれぞれ適用すると次式を得る．

$$\nabla \cdot (\mathbf{n} \times \boldsymbol{E}_1) = \frac{\partial}{\partial t} (\mathbf{n} \cdot \boldsymbol{B}_1)$$
$$\nabla \cdot (\mathbf{n} \times \boldsymbol{E}_1) = \frac{\partial}{\partial t} (\mathbf{n} \cdot \boldsymbol{B}_2)$$

上式より

$$\nabla \cdot \{\mathbf{n} \times (\boldsymbol{E}_1 - \boldsymbol{E}_2)\} = \frac{\partial}{\partial t} \{\mathbf{n} \cdot (\boldsymbol{B}_1 - \boldsymbol{B}_2)\}$$

電界の境界条件より，上式左辺は 0 であるので，

$$\frac{\partial}{\partial t} \{\mathbf{n} \cdot (\boldsymbol{B}_1 - \boldsymbol{B}_2)\} = 0$$
$$\therefore \ \mathbf{n} \cdot (\boldsymbol{B}_1 - \boldsymbol{B}_2) = 0$$

5章

■**5.1** 比誘電率 ε_r の誘電体媒質（導電率 $\sigma = 0$，透磁率 μ_0）中を伝搬する電磁波の伝搬速度 v は次式で与えられる．

$$v = \frac{1}{\sqrt{\varepsilon_0 \varepsilon_r \mu_0}} = \frac{v_0}{\sqrt{\varepsilon_r}}$$

ここで ε_0 は真空誘電率，v_0 は真空中の電磁波の伝搬速度である．今，誘電体媒質中の伝搬速度は真空の場合の 1/2 であるから，

$$\frac{v}{v_0} = \frac{1}{\sqrt{\varepsilon_r}} = \frac{1}{2}$$

$$\therefore \ \varepsilon_r = 4$$

次に，この誘電体媒質の固有インピーダンス $\dot{Z}_0$ は次式で与えられる．

$$\dot{Z}_0 = \sqrt{\frac{\mu_0}{\varepsilon_0 \varepsilon_r}} = \sqrt{\frac{1}{\varepsilon_r}} \times 120\pi$$

$\varepsilon_r = 4$ を代入して

$$\therefore \ \dot{Z}_0 = \sqrt{\frac{1}{4}} \times 120\pi = 60\pi \ [\Omega]$$

また，位相定数 β は次式によって得られる．

$$\beta = \omega\sqrt{\varepsilon_0 \varepsilon_r \mu_0} = \omega\sqrt{\varepsilon_r}\sqrt{\varepsilon_0 \mu_0} = \frac{2\pi f \sqrt{\varepsilon_r}}{v_0}$$

ここで f は周波数である．$f = 1.5 \times 10^9$，$v_0 = 3 \times 10^8$，$\varepsilon_r = 4$ を代入して

$$\therefore \ \beta = \frac{2\pi \times (1.5 \times 10^9) \times \sqrt{4}}{3 \times 10^8} = 20\pi \ [\text{rad/m}]$$

■**5.2** 真空中の電磁波の伝搬速度を v_0，媒質中の電磁波の伝搬速度を v とすると，媒質の絶対屈折率 n は v_0/v で与えられるから，

$$v = \frac{v_0}{n}$$

$n = 2$，$v_0 = 3 \times 10^8$ を代入して

$$\therefore \ v = \frac{3 \times 10^8}{2} = 1.5 \times 10^8 \ [\text{m/s}]$$

6章

■**6.1** 1波長が 360° に相当するから，90° 移相させるには 1/4 波長に相当する線路を挿入すればよい．挿入する無損失線路を伝搬する電磁波の伝搬速度を v とすると，同線路を伝搬する電磁波の波長 λ は次式で与えられる．

$$\lambda = \frac{v}{f} \quad (f: \text{使用周波数})$$

ここで v は

$$v = \frac{1}{\sqrt{\varepsilon_0 \varepsilon_r \mu_0}} = \frac{v_0}{\sqrt{\varepsilon_r}} \quad (v_0: \text{真空中の電磁波の伝搬速度})$$

であるから，

$$\lambda = \frac{1}{\sqrt{\varepsilon_r}} \frac{v_0}{f}$$

$\varepsilon_r = 4$, $v_0 = 3 \times 10^8$, $f = 750 \times 10^6$ を代入して

$$\lambda = \frac{1}{\sqrt{4}} \frac{3 \times 10^8}{750 \times 10^6} = 0.2$$

挿入する線路は 1/4 波長であるので,

$$\therefore \quad \frac{\lambda}{4} = \frac{0.2}{4} = 0.05 = 5 \ [\text{cm}]$$

■**6.2** 空気を媒質とする伝送線路は無損失線路と考えることができる．負荷から ℓ [m] 離れた無損失線路上の位置 $x = -\ell$ から負荷側を見た反射係数の大きさ $|\dot{\Gamma}(-\ell)|$ は次式で与えられる．

$$|\dot{\Gamma}(-\ell)| = |\dot{\Gamma}(0)e^{-j2\beta\ell}| = |\dot{\Gamma}(0)||e^{-j2\beta\ell}| = |\dot{\Gamma}(0)|$$

無損失線路の場合，反射係数の大きさは伝送線路上の位置（負荷端からの距離）に無関係に一定となる．ここで $|\dot{\Gamma}(0)|$ は負荷端における反射係数の大きさである．$\dot{Z}_L$ を負荷インピーダンス，$\dot{Z}_0$ を伝送線路の特性インピーダンスとすると，$|\dot{\Gamma}(0)|$ は次式で与えられる．

$$|\dot{\Gamma}(0)| = \left| \frac{\dot{Z}_L - \dot{Z}_0}{\dot{Z}_L + \dot{Z}_0} \right|$$

$\dot{Z}_L = 200 + j0$, $\dot{Z}_0 = 50 + j0$ を代入して

$$|\dot{\Gamma}(0)| = \left| \frac{(200+j0) - (50+j0)}{(200+j0) + (50+j0)} \right| = \frac{3}{5} = 0.6$$

$$\therefore \quad |\dot{\Gamma}(-\ell)| = |\dot{\Gamma}(0)e^{j2\beta x}| = 0.6$$

また，$x = -\ell$ から負荷側を見た入力インピーダンス $\dot{Z}_{\text{in}}(-\ell)$ は次式で与えられる．

$$\dot{Z}_{\text{in}}(-\ell) = \dot{Z}_0 \frac{\dot{Z}_L + j\dot{Z}_0 \tan(\beta\ell)}{\dot{Z}_0 + j\dot{Z}_L \tan(\beta\ell)}$$

ここで β は位相定数であり，使用波長が λ のとき $\beta = 2\pi/\lambda$ である．上式において $\dot{Z}_{\text{in}}(-\ell) = \dot{Z}_L$ となるのは $\tan(\beta\ell) = 0$, すなわち $\ell = 0, \lambda/2, \lambda, \ldots$ のときであり，負荷端を除く負荷端から最も近い伝送線路上の点は $\ell = \lambda/2$ である．空気中の電磁波の伝搬速度を v_0 とすると $\lambda = v_0/f$（f: 使用周波数）であるので $v_0 = 3 \times 10^8$, $f = 600 \times 10^6$ を代入して

$$\lambda = \frac{3 \times 10^8}{600 \times 10^6} = 0.5$$

$$\therefore \quad \ell = \frac{\lambda}{2} = 0.25 = 25 \ [\text{cm}]$$

7章

■**7.1** y および z 方向に流れる電流 i_y, i_z が，電流から r 離れた位置に作るベクトルポテンシャル A_y, A_z はそれぞれ次式で与えられる．

$$A_y = \frac{\mu}{4\pi} \int_v \frac{i_y}{r} dv$$
$$A_z = \frac{\mu}{4\pi} \int_v \frac{i_z}{r} dv$$

区間 AB を流れる電流 I が作るベクトルポテンシャルは次式となる.

$$A_{y\mathrm{AB}} = \frac{\mu}{4\pi} \int_b^{-b} \frac{I}{\sqrt{(x-x')^2+(y-y')^2+(z-z')^2}} dy'$$
$$= -\frac{\mu I}{4\pi} \int_{-b}^b \frac{dy'}{\sqrt{x^2+(y-y')^2+(z-c)^2}}$$

同様に区間 CD を流れる電流 I が作るベクトルポテンシャルは次式となる.

$$A_{y\mathrm{CD}} = \frac{\mu I}{4\pi} \int_{-b}^b \frac{dy'}{\sqrt{x^2+(y-y')^2+(z+c)^2}}$$

同様に区間 BC, DA を流れる電流 I が作るベクトルポテンシャル $A_{z\mathrm{BC}}$, $A_{z\mathrm{DA}}$ は次式となる.

$$A_{z\mathrm{BC}} = -\frac{\mu I}{4\pi} \int_{-c}^c \frac{dz'}{\sqrt{x^2+(y+b)^2+(z-z')^2}}$$
$$A_{z\mathrm{DA}} = \frac{\mu I}{4\pi} \int_{-c}^c \frac{dz'}{\sqrt{x^2+(y-b)^2+(z-z')^2}}$$

$\therefore\ A_x = 0$

$$A_y = A_{y\mathrm{AB}} + A_{y\mathrm{CD}}$$
$$= \frac{\mu I}{4\pi} \int_{-b}^b \left\{ \frac{1}{\sqrt{x^2+(y-y')^2+(z+c)^2}} - \frac{1}{\sqrt{x^2+(y-y')^2+(z-c)^2}} \right\} dy'$$
$$A_z = A_{z\mathrm{BC}} + A_{y\mathrm{DA}}$$
$$= \frac{\mu I}{4\pi} \int_{-c}^c \left\{ \frac{1}{\sqrt{x^2+(y-b)^2+(z-z')^2}} - \frac{1}{\sqrt{x^2+(y+b)^2+(z-z')^2}} \right\} dz'$$

8章

■**8.1** 相対利得は基準アンテナを半波長アンテナとした場合のアンテナ利得であるから, 半波長アンテナの相対利得 G_r は 1 である. デシベル表示すると

$$G_{r(\mathrm{dB})} = 0\ [\mathrm{dB}]$$

絶対利得 $G_{i(\mathrm{dB})}$ と相対利得の間 $G_{r(\mathrm{dB})}$ には $G_{r(\mathrm{dB})} = G_{i(\mathrm{dB})} - 2.15\ [\mathrm{dB}]$ なる関係があるから,

$$G_{i(\mathrm{dB})} = G_{r(\mathrm{dB})} + 2.15\ [\mathrm{dB}]$$
$$\therefore\ G_{i(\mathrm{dB})} = 2.15\ [\mathrm{dB}]$$

■**8.2** 半波長アンテナの実効長 ℓ_e は次式で与えられる.

$$\ell_e = \frac{\lambda}{\pi} \quad (\lambda: 使用波長)$$

使用周波数 $f = 1$ [GHz] に対する波長は $\lambda = v_0/f$ (v_0 は電磁波の伝搬速度)であるから,
$$\lambda = \frac{v_0}{f} = \frac{3 \times 10^8}{1 \times 10^9} = 0.3 \text{ [m]}$$
したがって,使用周波数 1 GHz に対する半波長アンテナの実効長は
$$\therefore \ \ell_e = \frac{\lambda}{\pi} = \frac{0.3}{\pi} \text{ [m]}$$

9章

■**9.1** 発射した電波が目標物で反射して送信地点に到達するまでの時間を t,電波の伝搬速度を v_0 とすると,目標物までの距離 ℓ は,次式で与えられる.
$$\ell = \frac{v_0 t}{2}$$
$t = 50 \times 10^{-6}$, $v_0 = 3 \times 10^8$ を代入して,
$$\therefore \ \ell = \frac{(3 \times 10^8) \times (50 \times 10^{-6})}{2} = 7500 \text{ [m]}$$

■**9.2** 発射する電波のパルス幅を τ,電波の伝搬速度を v_0 とすると,パルスレーダの最小探知距離 $\ell_{\min}$ は,次式で与えられる.
$$\ell_{\min} = \frac{v_0 \tau}{2}$$
したがって,
$$\tau = \frac{2 \ell_{\min}}{v_0}$$
$\ell_{\min} = 60$, $v_0 = 3 \times 10^8$ を代入して,
$$\therefore \ \tau = \frac{2 \times 60}{3 \times 10^8} = 0.4 \text{ [}\mu\text{s]}$$

■**9.3** (9.3.2 項参照)

参考文献

- [1] 電気学会通信教育会，基礎電磁気学，電気学会，1989.
- [2] 小塚洋司，電気磁気学 新装版 その物理像と詳論，森北出版，2012.
- [3] 東海大学回路工学研究会編，エレクトロニクスのための電気回路の基礎I，東海大学出版会，2000.
- [4] 寺沢徳雄，振動と波動，岩波書店，1989.
- [5] 山下栄吉，電磁波工学入門，産業図書，1993.
- [6] 高橋宣明，富山薫順，松浦武信，小島紀男，現代工学のためのやさしい常微分方程式の解き方入門，現代工学社，1995.
- [7] 佐藤利三郎，伝送回路，コロナ社，1985.
- [8] 藤田広一，続電磁気学ノート，コロナ社，2012.
- [9] 関根松夫，佐野元昭，電磁気学を学ぶためのベクトル解析，コロナ社，1996.
- [10] 砂川重信，理論電磁気学 第3版，紀伊国屋書店，1999.
- [11] 吉田正廣，松浦武信，物理・工学のためのフーリエ変換とデルタ関数，東海大学出版会，1999.
- [12] 松浦武信，吉田正廣，小泉義晴，物理・工学のためのグリーン関数入門，東海大学出版会，2000.
- [13] 篠崎寿夫，若林敏雄，木村正雄，現代工学のための偏微分方程式とグリーン関数，現代工学社，1998.
- [14] 富山薫順，松浦武信，吉田正廣，現代工学のための波動方程式の解き方，現代工学社，1998.
- [15] 西原浩，岡村康行，杉尾嘉彦，森下克己，津川哲雄，光・電磁波工学，オーム社，2000.
- [16] 好村滋洋，光と電波，培風館，1996.

索　引

あ　行

アンテナエレメント　147
アンテナ素子　147
アンテナ利得　144
アンペアの法則　6
アンペアの法則の積分形　7
アンペアの法則の微分形　7
アンペア–マクスウェルの法則　12

位相定数　58, 102
一次定数　105
インパルス応答　170

渦ありの場　7
渦なしの場　7

か　行

ガウスの法則　5
ガウスの法則の積分形　5
ガウスの法則の微分形　5

基準アンテナ　144
給電点インピーダンス　151
距離分解能　162

屈折角　83
グリーン関数　129, 170
グレーテッドインデックス型　166

減衰定数　58, 101

高周波実効抵抗　92
固有インピーダンス　59

さ　行

最小探知距離　161
最大探知距離　160
最大放射方向　142

磁位　122
磁界　6
磁界に関するガウスの法則　7
磁界の境界条件　45
磁界の境界条件の一般形　46
時間因子　16
時間領域　15
指向性　142
指向性アンテナ　144
指数関数形式　15
磁束鎖交数　8
磁束密度　7
実効長　148
実効面積　149
斜入射　67
集中定数回路　89
受信アンテナの絶対利得　149
磁力線　6

垂直面内指向特性　143
水平面内指向特性　143
スカラポテンシャル　122, 127
ステップインデックス型　166
スネルの法則　76

静電界　4
絶対屈折率　82

絶対利得　144
全地球測位システム　156

双曲線航法　156
相対屈折率　82
相対利得　144, 147

た 行

遅延スカラポテンシャル　132
遅延ベクトルポテンシャル　130

定在波　109
電圧定在波比　111
電圧反射係数　108
電位差　9, 120
電界強度　4
電界の境界条件　42
電界の境界条件の一般形　43
電気力線　4
電信方程式　96
伝送線路　91
電束　4
電束密度　5
伝導電流　12
電波航法　156
伝搬定数　57, 58, 101
伝搬速度　26, 97
電流反射係数　108

透過角　75
透過係数　64
透過波　63
等方性アンテナ　144
特性インピーダンス　104

な 行

二次定数　105

入射角　69
入射波　57, 100, 106
入射面　69
入力インピーダンス　112

ノイマンの法則　8

は 行

波数　29
波数ベクトル　32
波動性　164
波動方程式　24
パルスレーダ　158
反射角　72
反射係数　64, 106
反射の法則　76
反射波　57, 100, 106
半波長アンテナ　145
半波長ダイポールアンテナ　144, 145

光通信　165
光の波動説　164
光の粒子説　164
光ファイバ　165

ファラデーの電磁誘導則　9
複素ベクトル表示　15
複素ポインティングベクトル　21
ブルースタ角　85
分布定数回路　91
分布定数線路　91

平面波　34
ベクトル記号法　15
ベクトルヘルムホルツ方程式　29
ベクトルポテンシャル　123, 126
変位電流　10

ポアソンの方程式　122

索　引

ポインティングベクトル　19
放射界　140
放射指向特性　142
放射抵抗　152

ま 行

マクスウェルの第一電磁方程式　13
マクスウェルの第二電磁方程式　13
マクスウェルの電磁方程式　13

右ねじの法則　6

無指向性アンテナ　144
無損失線路　97
無損失媒質　26

や 行

誘導界　140
誘導起電力　8

ら 行

ラプラスの方程式　122

粒子性　164
臨界角　83

レーダ　158
レーダ方程式　160

漏洩コンダクタンス　93

欧　字

GPS　156

TEM波　68
TE波　69
TM波　69

VSWR　111

編者略歴

小塚 洋司
（こつか ようじ）

- 1971年 明治大学大学院博士課程修了
- 1974年 東京工業大学研究生を経て，東海大学専任講師
- 1995年 ハーバード大学客員教授
- 2003年 明治大学講師を兼務
- 現　在 東海大学名誉教授，電気通信大学産学官連携センター客員教授
  　　　　工学博士（東京工業大学）

主要著書

光・電波解析の基礎（コロナ社），RF/Microwave Interaction with Biological Tissues（Wiley, 共著），電気磁気学―その物理像と詳論―（森北出版），先端放射医療技術と計測（共著，電気学会，コロナ社），EMC／電磁環境学ハンドブック（共著，ミマツ出版），電磁界の生体効果と計測（共著，電気学会，コロナ社），バーコードの秘密（裳華房）他

著者略歴

村野 公俊
（むらの きみとし）

- 1995年 電気通信大学電気通信学部電子情報学科卒業
- 2000年 電気通信大学大学院電気通信学研究科電子情報学専攻博士後期課程修了
  　　　　博士（工学）
- 現　在 東海大学工学部電気電子工学科教授

電気・電子工学ライブラリ＝UKE–C4

基礎 電磁波工学

2013年10月25日ⓒ　　　　　初　版　発　行
2025年 2月10日　　　　　　初版第8刷発行

編　者　小塚洋司　　　　発行者　田島伸彦
著　者　村野公俊　　　　印刷者　大道成則

【発行】　　株式会社　数 理 工 学 社

〒151-0051　東京都渋谷区千駄ヶ谷1丁目3番25号
編集　☎(03)5474-8661（代）　サイエンスビル

【発売】　　株式会社　サ イ エ ン ス 社

〒151-0051　東京都渋谷区千駄ヶ谷1丁目3番25号
営業　☎(03)5474-8500（代）　振替 00170-7-2387
FAX　☎(03)5474-8900

印刷・製本　太洋社

《検印省略》

本書の内容を無断で複写複製することは，著作者および出版社の権利を侵害することがありますので，その場合にはあらかじめ小社あて許諾をお求め下さい．

サイエンス社・数理工学社の
ホームページのご案内
http://www.saiensu.co.jp
ご意見・ご要望は
suuri@saiensu.co.jp　まで．

ISBN978-4-86481-006-7

PRINTED IN JAPAN

電気電子工学入門
久門尚史著　2色刷・A5・並製・本体2450円

電気電子基礎数学
川口・松瀬共著　2色刷・A5・並製・本体2400円

電気磁気学の基礎
湯本雅恵著　2色刷・A5・並製・本体1900円

演習で学ぶ 電気磁気学
詳細な解説と解答による
吉門進三著　2色刷・A5・並製・本体2400円

電磁波工学
大平昌敬著　2色刷・A5・並製・本体2100円

伝送線路論
電磁界解析への入門
出口博之著　2色刷・A5・並製・本体2150円

ディジタル通信の基礎
ディジタル変復調による信号伝送
鈴木　博著　2色刷・A5・上製・本体2400円

電気・電子・通信のための 音響・振動
基礎から超音波応用まで
中村健太郎著　A5・上製・本体2100円

＊表示価格は全て税抜きです．

発行・数理工学社／発売・サイエンス社